实用农村环境保护知识丛书

农村农药污染及防治

王罗春　白　力　时鹏辉　蒋路漫　赵由才　编著

北　京
冶金工业出版社
2019

内 容 提 要

本书主要介绍了农药的定义和分类以及农村农药污染特点和危害；农村农药污染的预防，农药的科学选择和合理使用、病虫害的物理防治和生物防治、农药控制释放技术、种植制度与耕作技术优化和农药废弃物的管理；农村农药污染的治理，农药污染过程阻断技术、农药污染生态修复技术、农药残留物的物理吸附富集、农药残留物的化学分解和农药残留物的微生物降解。

本书可供从事农村植物保护、环保、农业等部门的技术人员和管理人员阅读，也可供园艺场、绿色食品生产基地和出口农产品生产基地技术人员以及高校和职业学校相关专业师生参考。

图书在版编目(CIP)数据

农村农药污染及防治/王罗春等编著.—北京：冶金工业出版社，2019.1

（实用农村环境保护知识丛书）

ISBN 978-7-5024-7935-0

Ⅰ.①农…　Ⅱ.①王…　Ⅲ.①农药污染—污染防治　Ⅳ.①X592

中国版本图书馆 CIP 数据核字（2018）第 243067 号

出 版 人　谭学余
地　　址　北京市东城区嵩祝院北巷 39 号　邮编　100009　电话　(010)64027926
网　　址　www.cnmip.com.cn　电子信箱　yjcbs@cnmip.com.cn
责任编辑　杨盈园　美术编辑　彭子赫　版式设计　孙跃红
责任校对　王永欣　责任印制　李玉山
ISBN 978-7-5024-7935-0
冶金工业出版社出版发行；各地新华书店经销；三河市双峰印刷装订有限公司印刷
2019 年 1 月第 1 版，2019 年 1 月第 1 次印刷
169mm×239mm；10 印张；191 千字；147 页
44.00 元

冶金工业出版社　投稿电话　(010)64027932　投稿信箱　tougao@cnmip.com.cn
冶金工业出版社营销中心　电话　(010)64044283　传真　(010)64027893
冶金书店　地址　北京市东四西大街 46 号(100010)　电话　(010)65289081(兼传真)
冶金工业出版社天猫旗舰店　yjgycbs.tmall.com

序　　言

据有关统计资料介绍，目前中国大陆有县城1600多个：其中建制镇19000多个，农场690多个，自然村266万个（村民委员会所在地的行政村为56万个）。去除设市县级城市的人口和村镇人口到城市务工人员的数量，全国生活在村镇的人口超过8亿人。长期以来，我国一直主要是农耕社会，农村产生的废水（主要是人禽粪便）和废物（相当于现在的餐厨垃圾）都需要完全回用，但现有农村的环境问题有其特殊性，农村人口密度相对较小，而空间面积足够大，在有限的条件下，这些污染物，实际上确是可循环利用资源。

随着农村居民生活消费水平的提高，各种日用消费品和卫生健康药物等的广泛使用导致农村生活垃圾、污水逐年增加。大量生活垃圾和污水无序丢弃、随意排放或露天堆放，不仅占用土地，破坏景观，而且还传播疾病，污染地下水和地表水，对农村环境造成严重污染，影响环境卫生和居民健康。

生活垃圾、生活污水、病死动物、养殖污染、饮用水、建筑废物、污染土壤、农药污染、化肥污染、生物质、河道整治、土木建筑保护与维护、生活垃圾堆场修复等都是必须重视的农村环境改善和整治问题。为了使农村生活实现现代化，又能够保持干净整洁卫生美丽的基本要求，就必须重视科技进步，通过科技进步，避免或消除现代生活带来的消极影响。

多年来，国内外科技工作者、工程师和企业家们，通过艰苦努力和探索，提出了一系列解决农村环境污染的新技术新方法，并得到广泛应用。

鉴于此，我们组织了全国从事环保相关领域的科研工作者和工程技术人员编写了本套丛书，作者以自身的研发成果和科学技术实践为出发点，广泛借鉴、吸收国内外先进技术发展情况，以污染控制与资源化为两条主线，用完整的叙述体例，清晰的内容，图文并茂，阐述环境保护措施；同时，以工艺设计原理与应用实例相结合，全面系统地总结了我国农村环境保护领域的科技进展和应用技术实践成果，对促进我国农村生态文明建设，改善农村环境，实现城乡一体化，造福农村居民具有重要的实践意义。

赵由才

同济大学环境科学与工程学院

污染控制与资源化研究国家重点实验室

2018 年 8 月

前　言

农药是重要的农业生产资料，对防病治虫、促进粮食和农业稳产高产至关重要。但由于农药使用量较大，加之施药方法不够科学，带来生产成本增加、农产品残留超标、作物药害、环境污染等问题。据统计，2012~2014年我国农作物病虫害防治农药年均使用量31.1万吨。目前，我国农药平均利用率仅为35%，大部分农药通过径流、渗漏、飘移等方式流失，污染土壤、水环境，影响农田生态环境安全。目前我国受到农药污染的河流超过71%，在水田、排水灌渠、河流、湖泊、近海海域等水域中，均检出有农药。

随着社会的发展和人民生活水平提高，公众对环境质量越来越关注，国家相关部门对农村农药污染的防治日益重视。

国家质量监督检验检疫总局早在2000~2009年先后制定（修订）了9条《农药合理使用准则》（GB/T 8321.1~9），详细规定了国内大部分农药的适用作物、防治对象、每667m^2每次制剂施用量或稀释倍数（有效成分浓度）、施药方法、每季作物最多使用次数、最后一次施药距收获的天数（安全间隔期）、实施要点、最大残留限量（MRL）参考值（mg/kg）等。

2010年7月，国家环境保护部颁布了《农药使用环境安全技术导则》（HJ 556—2010），详细规定了农药环境安全使用的原则、污染控制技术措施和管理措施等相关内容。

2014年12月23日，环境保护部办公厅印发了《江河湖泊生态环境保护系列技术指南（试行）》（环办〔2014〕111号），其中第六部分《农田面源污染防治技术指南（试行）》对农药农田污染源头控制技术、污染过程阻断技术和污染末端净化强化技术进行了详细的阐述。2015年2月17日，农业部发布了《到2020年农药使用量零增长行动方案》（农发〔2015〕2号），明确提出：到2020年力争实现农药使用总量零增长，主要农作物农药利用率达到40%以上。2016年5月28日，国务院印发了《土壤污染防治行动计划》（国发〔2016〕31号），其中第十九条提出“控制农业污染、合理使用农药、科学施用农药，推行农作物病虫害专业化统防统治和绿色防控，推广高效低毒低残留农药和现代植保机械。到2020年，全国主要农作物农药使用量实现零增长，利用率提高到40%以上”。2017年2月8日，国务院修订通过了《农药管理条例》，其中第五章对农药的使用做了详细的规定，修订后的《农药管理条例》自2017年6月1日起施行。

本书介绍了农村农药污染及防治的相关知识，内容涵盖农村农药污染的形成及特点、农村农药污染的预防、农村农药污染的治理，内容全面，实用性强。

参加本书编写的主要人员有：上海电力学院的王罗春（第1~3章）、上海康恒环境股份有限公司的白力（第2、3章）、上海电力学院的时鹏辉（第1、3章）、上海电力学院的蒋路漫（第3章）和同济大学的赵由才（第1、2章）。此外，上海电力学院的研究生李琳和何昌伟在文献资料整理方面做了大量的工作，在此特表谢意。

限于编著者水平和时间所限，书中若有不足和疏漏之处，敬请读者批评指正。

作者

2018年7月

目　录

1 农药及农村农药污染

1.1 农药定义及分类

按《中华人民共和国农药管理条例》，农药是指用于预防、控制危害农业、林业的病、虫、草、鼠和其他有害生物以及有目的地调节植物、昆虫生长的化学合成或者来源于生物、其他天然物质的一种物质或者几种物质的混合物及其制剂。

农药的分类方法也是多种多样，可以按照防治对象、制造成分和来源分类，也可以按照作用方式和毒理机制以及化学结构来分类，还可将上述几种综合或者交叉进行分类。为了实用简便，通常按照防治对象或作用方式综合分类，如图 1-1 所示。

1.1.1 杀虫（螨）剂

杀虫（螨）剂主要是用于防治害虫（或者螨虫）的农药。某种杀虫剂可用于防治卫生害虫、畜禽体内外寄生虫以及危害工业原料及其产品的害虫。按其作用方式又可以具体分为胃毒剂、触杀剂等。

1.1.1.1 胃毒剂

杀虫（螨）剂随着食物通过害虫口器摄食后，在肠液中溶解，或者被肠壁细胞吸收到致毒位置，致使害虫中毒死亡。例如敌百虫、除虫脲等。

1.1.1.2 触杀剂

害虫接触到药剂时，药剂通过虫体的表皮渗入到虫体内，使害虫受到干扰或者破坏某些组织，使害虫致死。例如甲基对硫磷、氰戊菊酯、氯氰菊酯等。

1.1.1.3 熏蒸剂

某些药剂在一般气温下即升华，挥发成有毒的气体，或者经过一定的化学作用而产生有毒气体，然后经由害虫的呼吸系统，例如气孔（气门）进入虫体内，使害虫中毒死亡。例如氯化苦、磷化铝等。

目前大量应用的杀虫剂，大都以触杀作用为主，兼有胃毒作用，例如好年冬、咪虫啉等。少数品种具有熏蒸作用，例如敌敌畏。仅具上述三种作用方式之

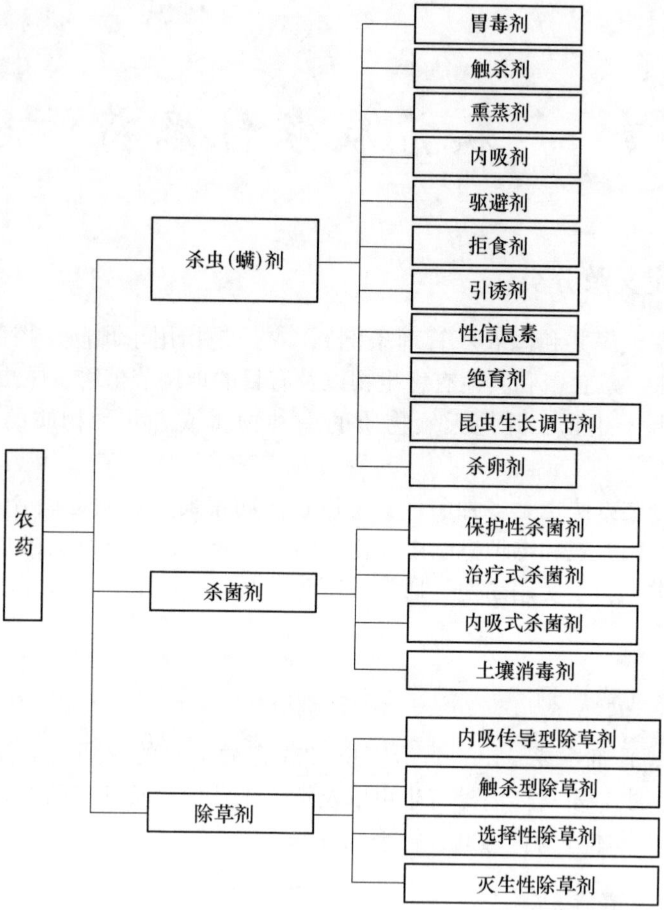

图 1-1　农药的分类

一的杀虫农药品种不多。

1.1.1.4　内吸剂

这是指不论将药剂施到作物的哪一部位（根、茎、叶、种子），都能够被作物吸收到体内，并且随着植株体液传导到全株各部位。传导到植株各部位的药量足以使危害此部位的害虫中毒死亡；同时，药剂可在植物体内储存一定时间而不妨碍作物的生长发育。例如乐果、甲拌磷、克百威等。内吸剂的优点是使用方便，适用于防治那些藏在隐蔽处的害虫。

1.1.1.5　特异性杀虫剂

A　杀卵剂

这类药剂与虫卵接触后，进入卵内降低卵的孵化率或者直接进入卵壳使幼虫或虫胚中毒死亡。例如石灰硫黄合剂，可以使卵壳变硬、胚胎干死，一些油剂可以阻碍蚊卵、叶螨卵、苹果小卷蛾卵的呼吸，累积有毒代谢物使其中毒死亡。

B 绝育剂

这类药剂被昆虫摄食后，能够破坏其生殖功能，使害虫失去繁殖能力。雌性害虫虽然经过交配也不会产卵，或者虽然能够产卵也不能孵化。其优点是只对于那些造成危害的目标害虫起到防治作用，而对于同一生态环境中的无害或者有益昆虫无不良影响。

绝育剂根据其作用可分为三类：（1）影响生殖细胞的成熟分裂的药剂，如秋水仙素、氮芥等。（2）影响生殖细胞生长成熟中代谢过程的药剂，如 N-［（对2,4-二氨基-6-甲基蝶啶甲胺）苯基］谷氨酸，可能影响卵黄体成熟。（3）影响受精过程的药剂，如双（对氯苯基）三氟乙醇等。在农业上一般可与杀虫剂结合使用。

C 拒食剂

害虫在接触或者摄食这类药剂后，会消除食欲，拒绝取食因而饥饿死亡。从天然存在于植物中人工分离的作为拒食剂的物质至今已有 300 多种。例如糖苷类、萜烯类、香豆素等，都有较强的广谱拒食作用。

D 驱避剂

这种药剂本身无毒害作用，但由于具有某种特殊气味或者颜色，施药后可以使害虫不愿接近或者远避。当前，最为成功的驱避剂为预防蚊虫的避蚊胺。

E 引诱剂

能够引诱昆虫的药剂，是由植物产生或人工合成的对特定昆虫有行为引诱作用的活性物质。有引诱作用的化学物质，在自然界多为能够产生气味而弥散于空间的有机物。例如诱杀地老虎成虫的糖醋酒诱杀剂、诱集棉铃虫产卵的嫩玉米丝提取液等。

F 性信息素

雌性昆虫的尾端外翻的腺体会释放出一种极微量的化学物质，以引诱同种的雄性昆虫进行交配繁殖。有性引诱剂作用的性信息素普遍存在于昆虫中，仅鳞翅目昆虫已知有 170 多种。人们通过活体提取，或者人工合成这种物质，以引诱雄虫进行灭杀；或者由此预测害虫的发生期、发生量及危害情况，以便作出防治决策。当前在农业生产上应用较广泛的有棉铃虫性信息素、棉红铃虫性信息素、玉米螟性信息素、家蝇性信息素等。

G 昆虫生长调节剂

这类药剂通过对目标害虫施用后，会扰乱害虫的正常生长发育而使害虫死亡或者减弱害虫的生活能力。例如保动激素、蜕皮激素、几丁质酶抑制剂等。

1.1.2 杀菌剂

杀菌剂泛指在一定剂量或者浓度下，具有杀死植物病原菌或者抑制其生长发育的农药。按其使用方式可分为保护性杀菌剂、治疗性杀菌剂、铲除性杀菌剂三类，按传导特性可分为内吸性杀菌剂和非内吸性杀菌剂两类。此外，杀菌剂还可根据使用方法分类，如种子处理剂、土壤消毒剂、喷洒剂等。

1.1.2.1 按杀菌剂的使用方式分类

A 保护性杀菌剂

保护性杀菌剂是在病原微生物没有接触植物或没浸入植物体之前，用药剂处理植物或周围环境，达到抑制病原孢子萌发或杀死萌发的病原孢子，以保护植物免受其害。

保护性杀菌剂主要有以下几类：

（1）硫及无机硫化合物，如硫黄悬浮剂、固体石硫合剂等；

（2）铜制剂，主要有波尔多液、铜氨合剂等；

（3）有机硫化合物，如福美双、代森锌、代森铵、代森锰锌等；

（4）酞酰亚铵类，如克菌丹、敌菌丹和灭菌丹等；

（5）抗生素类，如井冈霉素、灭瘟素、多氧霉素等；

（6）其他类，如叶枯灵、叶枯净、百菌清、禾穗宁等。

保护性杀菌剂主要作用方式是施药后在植物表面形成一层药膜，使其不被病菌侵染。此类杀菌剂对气流传播病菌尤为有效，如用波尔多液防治多种作物的霜霉病；对植物种子或幼苗进行处理，以防治种传病害的侵染，如三唑酮拌种防治禾谷类黑穗病；多菌灵浸蘸甘薯幼苗防治苗期病害；福美双、多菌灵土壤处理防治多种作物的土传病害，如猝倒病和立枯病等。

B 治疗性杀菌剂

治疗性杀菌剂是在病原微生物已经浸入植物体内，但植物表现病症处于潜伏期，将药物从植物表皮渗入植物组织内部，经输导、扩散或产生代谢物来杀死或抑制病原，使病株不再受害，并恢复健康。常见的有多菌灵、托布津、春雷霉素、嘧菌酯百菌清等。

C 铲除性杀菌剂

铲除性杀菌剂是指在植物感病后能通过施药直接杀死已侵入植物的病原物的杀菌剂。该类杀菌剂对病原菌有直接强烈杀伤作用，但生长期植物对这类药剂不耐受，因此只能在播种前用于土壤的处理、植物休眠期或者种苗的处理。常见的有福尔马林消毒带菌种子，戊唑醇对小麦条锈病、白粉病的铲除治疗作用。

1.1.2.2 按杀菌剂的传导特性分类

A 内吸性杀菌剂

内吸性杀菌剂能被植物叶、茎、根、种子吸收进入植物体内，经植物体液输导、扩散、存留或产生代谢物，可防治一些深入到植物体内或种子胚乳内的病害，以保护作物不受病原物的浸染或对已感病的植物进行治疗，因此具有治疗和保护作用。如多菌灵、力克菌、绿亨2号、多霉清、霜疫清、噻菌铜、甲霜灵、乙磷铝、甲基托布津、敌克松、粉锈宁、甲霜铜、杀毒矾、拌种双等。

B 非内吸性杀菌剂

非内吸性杀菌剂指药剂不能被植物内吸并传导、存留。大多数品种都是非内吸性的杀菌剂，此类药剂不易使病原物产生抗药性，比较经济，但大多数只具有保护作用，不能防治深入植物体内的病害。如硫酸锌、硫酸铜、多果定、百菌清、绿乳铜、表面活性剂、增效剂、硫合剂、草木灰、波尔多液、代森锰锌、福美双、百菌清等。

1.1.3 除草剂

除草剂泛指用于消灭或控制杂草生长的农药。适用范围包括农田、苗圃、林地、花卉园林及一些非耕地。按其作用方式可分为选择性除草剂和灭生性除草剂两类，按传导性能可分为触杀型除草剂和内吸传导型除草剂两类。此外，除草剂还可根据使用方法分为土壤处理剂和茎叶处理剂两类。

1.1.3.1 按除草剂的作用方式分类

A 选择性除草剂

选择性除草剂在不同植物间具有选择性，即能毒害或杀死杂草而不伤害作物，甚至只毒杀某种杂草，而不损害作物和其他杂草，如精喹能用于花生、大豆、西红柿等阔叶作物田防除狗尾草等禾本科杂草，再如莠去津能用于玉米田防除阔叶杂草和部分禾本科杂草，而即使用量稍高也不伤害玉米。但是选择性对用量是有要求的，如果提高莠去津的用量到一定程度，不仅可以轻易地杀死玉米，甚至可以杀死大片的灌木林。

B 灭生性除草剂

灭生性除草剂对植物缺乏选择性或选择性小，草苗不分，“见绿就杀”。灭生性除草剂能杀死玉米所有植物，如百草枯“见绿就杀”，既不区分作物和杂草，也不区分杂草所属种类。

1.1.3.2 按除草剂的传导性能分类

A 触杀型除草剂

触杀型除草剂与杂草接触后，只对接触部位起作用，而不能或很少在植物体内传导。这类除草剂在施用时要求尽量均匀。如百草枯，如果只覆盖了少量杂草叶面，其余的大量叶面仍能正常进行光合作用，杂草会表现出受害症状，受到一定程度的抑制，然后又慢慢恢复生长能力。

B 内吸传导型除草剂

内吸传导型除草剂在被杂草吸收后，能够在其体内传导，药剂能到达未着药部位，甚至传遍全株。如草甘膦，可以由杂草茎叶吸收，经传导到达其余的部位，甚至到达根部，而使杂草彻底死亡。有的除草剂既可触杀，又可内吸，但会有一种方式是主要作用方式。比如虎威，可以触杀叶片，也可以被根吸收，但在应用中以触杀叶片为主。

1.2 农药的毒性与人体健康

农药既是重要的农业生产资料，又是对生物体具有毒害作用的化学物质，即具有毒物的属性。农药进入生物体后会引起多种效应，有轻微的刺激、损伤、致病、致癌，一直到致死。农药的毒性可以分为急性毒性、慢性毒性和特殊毒性（“三致”作用）三类。

1.2.1 农药的急性毒性与人体健康

高剂量（浓度）农药在短时间内进入生物体致毒为急性毒作用。

表征农药急性毒性的最重要指标是半致死剂量或浓度。半致死剂量或浓度是指引起半数试验动物死亡的农药剂量或空气浓度，用 LD_{50} 或 LC_{50} 表示，其值越小，毒性越大，单位分别为 mg/kg 或 mg/m^3。其分子量为农药量，分母为试验动物体重或试验空气体积。

根据经口、经皮肤 LD_{50} 和吸入 LC_{50} 数值的大小，我国将农药分为剧毒、高毒、中等毒、低毒和微毒五类。农药毒性分级标准见表 1-1。

表 1-1 农药毒性分级标准

毒性分级	级别符号语	经口半数致死量 /mg·kg^{-1}	经皮半数致死量 /mg·kg^{-1}	吸入半数致死浓度 /mg·m^{-3}
Ⅰa 级	剧毒	≤5	≤20	≤20
Ⅰb 级	高毒	>5~50	>20~200	>20~200
Ⅱ级	中等毒	>50~500	>200~2000	>200~2000
Ⅲ级	低毒	>500~5000	>2000~5000	>2000~5000
Ⅳ级	微毒	>5000	>5000	>5000

农药可经消化道、呼吸道和皮肤三条途径进入人体而引起急性中毒。图 1-2 所示为农药进入人体途径的示意图。

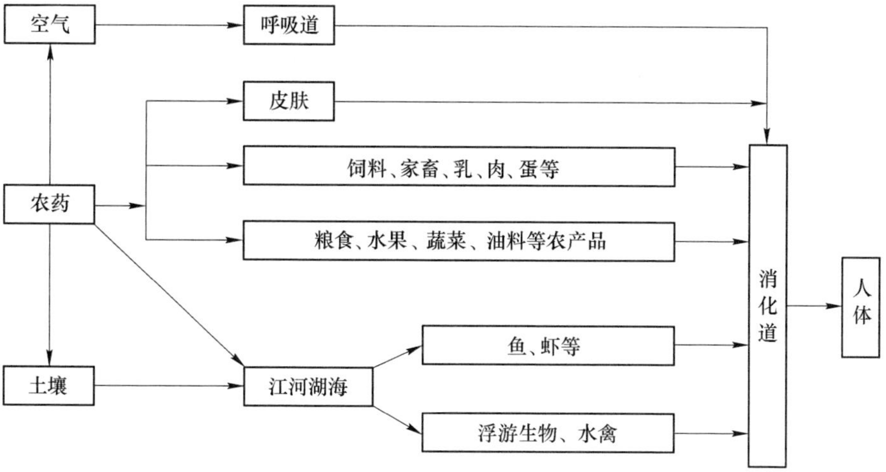

图 1-2　农药进入人体途径

由消化道进入而发生农药中毒的方式有误服、误食、自杀服用农药和食用喷高毒农药不久的蔬菜、瓜果或因农药中毒死亡的畜禽、水产等。此外，植保人员喷药时和喷药后不洗手吃食、饮水和吸烟都易引起农药中毒。很多粉剂、熏蒸剂和一些高挥发高毒农药易从呼吸道进入人体而发生中毒。农药能溶解在脂肪和汗液中，特别是有机磷农药，常可以通过皮肤毛孔进入人体。配制农药、喷具漏水、逆风喷药、药后农事等操作都能发生因农药经皮肤进入人体中毒。

急性中毒多发生于高毒农药，尤其是高毒有机磷农药和氨基甲酸酯农药。这两类农药急性中毒症状相似，轻度中毒症状为头晕、头痛、恶心、呕吐、多汗无力等；中毒为呼吸困难、肌肉震颤、瞳孔缩小、流涎、腹痛、腹泻和精神恍惚；重度为昏迷、抽搐、吐沫、肺水肿、呼吸极度困难、大小便失禁，甚至死亡。

由于历史、经济和技术的原因，目前我国高毒农药产量占相当大的比例，品种也比较多，主要是杀虫剂、杀鼠剂和杀线虫剂，而杀菌剂和除草剂一般为中低毒农药。表 1-2 中列出了一些重要高毒农药的大白鼠经口 LD_{50}。此外，属高毒农药的还有熏蒸剂氯化苦、溴甲烷和磷化铝等，因具有挥发性而易被吸入危害人体健康。

1.2.2 农药的慢性毒性与人体健康

低剂量（浓度）农药长期逐渐进入生物体，积累到一定程度后而致毒为慢性毒作用。

慢性毒作用以阈剂量（浓度）或最高允许剂量（浓度）来表示。阈剂量（浓度）是指在长期暴露农药下，会引起生物体受损害的最低剂量（浓度）。最高允许剂量（浓度）是指长期暴露在农药下，不引起生物体受损害的最高剂量（浓度）。显然，阈剂量（浓度）或最高允许剂量（浓度）越小，农药的慢性毒性越高，反之，慢性毒性越小。

表 1-2 我国生产和使用高毒农药的 LD_{50}（大鼠、经口）

农药		LD_{50}/mg · kg^{-1}
杀虫剂	养化乐果	30~60
	甲拌磷	2~6
	水胺硫磷	25
	甲基异柳磷	28.4
	蝇毒磷	41
	敌敌畏	75~107（经皮）
	爱力螨克	10
	克百威	8~14
	涕灭威	1.0
	灭多威	17.0
灭鼠剂	大隆	<0.72
	杀鼠灵	3.0
	杀鼠速	2~25
	安妥	6~8
	敌鼠	3.0
杀线虫剂	丙线磷	62
	克线丹	37.1
	苯线灵	10~20

人体农药慢性中毒是指经常连续食用、吸入或皮肤接触较小量农药，使毒物进入人体后逐渐发生病变和中毒症状。此过程一般发病缓慢、病程较长，症状难于鉴别，也往往被人们忽视。农药慢性中毒者主要是有可能较长时间接触农药的人群，如农药厂工人、农药仓库保管员和农村植保施药人员等，特别是后者中毒现象比较普遍。

慢性危害主要集中于眼、皮肤、消化系统和神经系统方面，对呼吸系统也有一定影响。有机磷农药和氨基甲酸酯类农药的慢性中毒症状主要表现为头晕、头痛、恶心、无力、无食欲、胸闷、呕吐和视力模糊等。有机氯农药还会影响人奶的质量，使人奶中六六六（HCHs）和滴滴涕（DDTs）的含量超标。有机硫农药的接触者可能患有皮肤瘙痒、潮红及斑丘疹等症状。少数患者还有水疱、皮肤糜烂等炎症，还有慢性咽炎、眼结膜炎和慢性鼻炎等。

1.2.3 农药的特殊毒性与人体健康

农药的特殊毒性是指农药对人和哺乳动物的致癌、致畸、致突变作用。

化学致癌作用是指农药引起人或动物发生恶性肿瘤的作用。化学致畸作用是指农药干扰胚胎或胎儿的正常生长发育，造成器官形态结构的异常而形成畸胎或畸形儿的毒性。化学致突变的作用是指农药损伤生物的遗传物质，导致不可逆诱变的作用。这种诱变如发生在体细胞则影响个体本身，如发生在生殖细胞则可遗传到下一代。

我国目前已禁用的六六六、滴滴涕、杀虫脒、除草醚、汞制剂、砷类、福美胂、福美甲胂，均属于“三致”农药。

一些具有潜在“三致”作用的农药（见表1-3），仍在我国继续使用，有的甚至生产量和用量都相当大，如敌百虫、敌敌畏、乐果、氧化乐果、久效磷、磷胺、代森类农药、苯氧乙酸类的某些除草剂等。这是我国生产和使用农药品种结构不合理的一种表现，需要在以后农药品种结构的战略性调整中逐步解决。

表1-3 具有潜在“三致”作用的一些农药

类型	杀虫剂	杀菌剂	除草剂
动物试验阳性，作用剂量大	滴灭威、双甲脒、溴硫磷、甲基内吸磷、氧化乐果、磷胺、灭螨猛、久效磷	苯菌灵、百菌清、灭菌丹、氟菌唑	甲草胺、二甲四氯钠、阔叶净、西玛津、矮壮素、乙烯利
动物试验阳性，作用剂量小，在环境中存在	甲萘威、敌敌畏、乐果、敌百虫、杀螨特	克菌丹、三环锡、代森锌、代森锰锌、福美双、福美锌、五氯硝基苯	氰草净、2,4-滴丁酯、乙氧氟草醚、氟乐灵、燕麦敌、拿草特

1.3 农药的使用现状

农药在人类经济，特别是农业经济的发展中起着重要作用，据估计，全世界农业每年由于病、虫、草三害导致的粮食损失占到总产量的35%，使用农药大概可以夺回其中的30%~40%。使用农药的收益大体上为农药费用的4倍。

目前生产和使用的化学农药种类越来越多，其原因主要有：

（1）由于长期、大量地使用化学农药，农作物的病虫害对于农药的抗性不断增强，需要不断地研制和生产新的农药来对付病虫害。

（2）随着农作物生长环境的不断变化，例如农田土壤污染的加剧、农作物品种的增多、病虫害天敌的减少等，使得农作物病虫害的种类也在不断地演变而增加。病虫害种类的增加使得人们不得不研制新的农药品种去应对。

（3）最初生产和使用农药首先考虑的是农药杀灭病虫害的效果，而对于其残留和有毒方面考虑得不够。随着经济社会的进步和生活水平的提高，人们对于农产品质量和生活环境质量的要求也越来越高，这就迫使人们不断地研究开发新的高效低毒或者无毒环保（绿色）的农药。

迄今为止，在世界各国注册的农药品种已有1500种，其中常用的有500余种。截至2016年底，我国登记农药有效成分达665种。

剧毒和高毒性化学农药由于其毒性强，对人畜的危害大，对于生态环境的污染严重，考虑到广大人民群众，尤其是广大农民群众的人身安全和避免农业生态环境受到污染破坏，国家已对部分剧毒、高毒性化学农药实行禁止使用和限制使用，组织安排专门力量研制新的高效低毒或者无毒的农药，作为被禁止和淘汰农药的替代品。

目前我国禁止或即将禁止使用的农药（见表1-4）达到42种，限制或即将限制使用的农药（见表1-5）达到26种。

表1-4　我国禁止或即将禁止使用的农药

农药中文通用名	禁用状态
六六六、滴滴涕、毒杀芬、二溴氯丙烷、杀虫脒、二溴乙烷、除草醚、艾氏剂、狄氏剂、汞制剂、砷、铅类、敌枯双、氟乙酰胺、甘氟、毒鼠强、氟乙酸钠、毒鼠硅、甲胺磷、甲基对硫磷、对硫磷、久效磷、磷胺、苯线磷、地虫硫磷、甲基硫环磷、磷化钙、磷化镁、磷化锌、硫线磷、蝇毒磷、治螟磷、特丁硫磷、氯磺隆、胺苯磺隆单剂产品、甲磺隆单剂产品、福美胂、福美甲胂、百草枯	已经禁用
三氯杀螨醇	自2018年10月1日起，全面禁止三氯杀螨醇销售、使用
硫丹	自2018年7月1日起，撤销农药登记证；自2019年3月27日起，禁止在农业上使用
溴甲烷	自2018年7月1日起，撤销农药登记证；自2019年1月1日起，禁止在农业上使用

表1-5　我国限制或即将限制使用的农药

农药中文通用名	禁止使用范围
甲拌磷、甲基异柳磷、内吸磷、克百威、涕灭威、灭线磷、硫环磷、氯唑磷	蔬菜、果树、茶树、中草药材
水胺硫磷	柑橘树
灭多威	柑橘树、苹果树、茶树、十字花科蔬菜
硫丹	苹果树、茶树

续表 1-5

中文通用名	禁止使用范围
溴甲烷	草莓、黄瓜
氧化乐果	甘蓝、柑橘树
三氯杀螨醇、氰戊菊酯	茶树
杀扑磷	柑橘树
丁酰肼（比久）	花生
氟虫腈	除卫生用、玉米等部分旱田种子包衣剂外的其他用途
溴甲烷、氯化苦	登记使用范围和施用方法变更为土壤熏蒸，撤销除土壤熏蒸外的其他登记
毒死蜱、三唑磷	蔬菜
2,4-滴丁酯	不再受理、批准 2,4-滴丁酯（包括原药、母药、单剂、复配制剂，下同）的田间试验和登记申请；不再受理、批准 2,4-滴丁酯境内使用的续展登记申请。 保留原药生产企业 2,4-滴丁酯产品的境外使用登记，原药生产企业可在续展登记时申请将现有登记变更为仅供出口境外使用登记
氟苯虫酰胺	自 2018 年 10 月 1 日起，禁止在水稻作物上使用
克百威、甲拌磷、甲基异柳磷	自 2018 年 10 月 1 日起，禁止在甘蔗作物上使用
磷化铝	应当采用内外双层包装。外包装应具有良好密闭性，防水防潮防气体外泄。自 2018 年 10 月 1 日起，禁止销售、使用其他包装的磷化铝产品
乙酰甲胺磷、丁硫克百威、乐果	自 2019 年 7 月 1 日起，禁止在蔬菜、瓜果、茶叶、菌类和中草药材作物上使用

据全国 31 个省（自治区、直辖市）植保植检站（不含西藏）调查统计，2015 年我国农业用药 92. 64 万吨（商品量），折百量 30 万吨。其中杀虫剂 10. 89 万吨，占农药总量的 36. 30%；杀菌剂 8. 0 万吨，占农药总量的 26. 67%；除草剂 10. 72 万吨，占农药总量的 35. 74%；植物生长调节剂 3845. 17t，占农药总量的 1. 28%；杀鼠剂 47. 89t，占农药总量的 0. 02%。从使用量来看，杀虫剂中辛硫磷和毒死蜱使用最多；杀菌剂排名第一的是多菌灵和代森类产品；除草剂无论商品量还是折百量均位居第一的是草甘膦；植物生长调节剂则以多效唑、乙烯利、芸苔素内酯为主。

1.4 农村农药污染

1.4.1 农村农药污染特点

我国是世界农药生产和使用大国，而且以使用杀虫剂为主，致使绝大部分地区的土壤、水体、粮食、蔬菜、水果、水产品、家禽等都受到不同程度的农药污染，对人体健康构成了严重的威胁。

2012~2013 年，北京至天津之间海河上游地区 20km×100km 范围的表层土壤监测结果显示，该区域内有 1 个样点的 HCHs 残留量超过我国土壤环境质量一级标准（10ng/g），有 3 个样点的 DDTs 残留量略高于我国土壤环境质量一级标准（50ng/g），有 1 个样点的残留量高于我国土壤环境质量二级标准（100ng/g）。

2013 年 7 月，环鄱阳湖区 11 个县市稻田土壤样品中，HCHs 含量最大值达到 25.65μg/kg，超出国家土壤环境一级限量标准。2013 年 6 月，武汉、宜昌、襄阳各 3 个蔬菜种植基地土壤中，宜昌宜都市的一处点位滴滴涕（DDTs）含量超过《土壤环境质量标准》（GB 15618—2008）中规定的土壤环境质量一级标准 0.05mg/kg；三个基地土壤的六六六（HCHs）的最大检出含量均高于 GB 15618—2008 中规定的土壤环境质量一级标准 0.01mg/kg。

与菜地相比，果园的农药施用量大，并且由于其叶面积大，农药利用率低，落入土壤中的农药量远大于菜田中；另一方面，果园中翻地、灌溉等耕作措施的频率低于菜田，由此引起的农药迁移转化少于菜田，因此，果园土壤更易于累积有机氯类农药。2013 年 7 月，漓江流域桃园、柑橘园和葡萄园 0~15cm 的表土中，滴滴涕总量（DDTs）、对,对-滴滴伊（p,p-DDE）、对,对-滴滴涕（p,p-DDT）、六六六总量（HCHs）和乙体六六六（β-HCH）均有检出，检出率分别为 68.8%、68.8%、6.3%、6.3% 和 6.3%，其质量分数最大值分别为 10.67ng/g、8.32ng/g、2.35ng/g、0.64ng/g 和 0.64ng/g。

2011 年 8 月在太原市小店污灌区 16 个地下水样品的监测结果显示，在浅层水（小于 50m）中，α-六六六、δ-六六六、2,4-滴滴滴、艾氏剂的检出率均达到 100%；深层水（大于 50m）中 α-六六六、γ-六六六、δ-六六六、2,4-滴滴滴、2,4-滴滴涕、4,4-滴滴涕、硫丹硫酸酯、六氯苯、七氯、艾氏剂的检出率达到 100%。

2013 年 12 月~2014 年 10 月，长江流域、太湖流域、黄河流域、松花江流域、黑龙江流域、东江流域、南水北调中线和东线的 27 个采样点中，检出了 α-六六六、α-氯丹、γ-氯丹、西玛津、阿特拉津、乙草胺、扑草净、噁草酮和敌敌畏等 9 种农药，其中阿特拉津、乙草胺、扑草净、敌敌畏和噁草酮的检出率分别达到 100.0%、74.1%、59.3%、37.0%和 33.3%。

2014 年，邱伟芬等人对江苏省常州、南京、无锡、镇江、泰州、南通、徐州、盐城和淮安的 25 份大米样品进行农药的筛查检测中发现，毒死蜱、三唑磷和稻瘟灵 3 种农药含量达到 0.031~0.045mg/kg。南京市 2011~2015 年市售蔬菜中农药残留状况检测报告显示：有机磷农药总体检出率为 18.6%，超标率为 4.9%；拟除虫菊酯类农药总体检出率为 51.6%，超标率为 2.8%；氨基甲酸酯类农药总体检出率为 5.8%，超标率为 3.6%。2013 年天津市各类超市、农贸市场水果随机抽查监测发现，甲胺磷、克百威超标率为 6.98%，柑橘中农药超标率为 42.86%，超标农药为克百威、甲胺磷、甲基对硫磷、溴氰菊酯；苹果中农药超标率为 6.25%。

2015 年 4 月，长三角地区水源地取水口（嘉兴 12 个、太湖 7 个、钱塘江 13 个、长江干流 11 个和黄浦江 3 个）的沉积物中检出了所测定的 22 种有机氯农药，DDTs、六氯苯、BHCs、五氯苯的检出率为 100%，氯丹、反式九氯、顺式九氯、灭蚁灵的检出率大于 50%。2011 年 7 月（丰水期）和 11 月（枯水期），在千岛湖库区及其三条主要入库河流水体中共检出 α-HCH、β-HCH、δ-HCH、百菌清、p,p′-DDE、p,p′-DDD、o,p′-DDT 和 p,p′-DDT 等 8 种有机氯农药。

2014 年重庆市 9 个区、县的 30 批肉兔肌肉组织农药残留检测分析结果表明，在被检肉兔肌肉组织中农药六六六、DDT 的最大残留量分别为 17.160μg/kg 和 25.285μg/kg。

2015 年 5~11 月，上海、江苏、浙江等 13 个养殖池塘的蟹、鳖、虾、鱼等 5 类水产品的检测结果显示：水产品体内 9 种有机磷农药（乐果、敌敌畏、马拉硫磷、甲基对硫磷、杀螟硫磷、三唑磷、喹硫磷、伏杀硫磷和毒死蜱）总浓度最高达到 299ng/g(dw)，且以三唑磷、伏杀硫磷、喹硫磷、毒死蜱的残留为主；8 种有机氯农药（α-HCH、β-HCH、γ-HCH、δ-HCH、p,p′-DDD、p,p′-DDE、六氯苯和环氧七氯）总浓度范围为 16~82ng/g(dw)，所检出农药均为 β-HCH、γ-HCH、α-HCH、p,p′-DDE 和 p,p′-DDT；4 种拟除虫菊酯类农药（氯氟氰菊酯、联苯菊酯、氯菊酯和甲氰菊酯）总浓度范围为 44~89ng/g(dw)，高效氯氟氰菊酯的检出率达到 100%。

1.4.2 农村农药污染的危害

1.4.2.1 农村农药污染对食品安全的危害

为了防治农作物病虫害，确保农作物高产丰收，在农业生产中，人们不得不大量使用农药。农药在发挥其防治病虫害功能的同时，也给食品安全带来了较大的危害。一方面，人们在日常生活中经常直接食用一些因为施药不当，或者采摘时间不对，或者处理方式方法不妥的水果和蔬菜等农产品，就有可能发生直接的食物中毒，危害人体健康甚至生命安全。另一方面，人们在大量使用化学农药时，农药免不了在农产品和土壤中残留，农药在农产品和土壤中长期残留累积的结果，致使农作物及畜产品中出现微量的残留农药，再通过生物链的传递、转化和生物放大，污染食品影响食品安全，进而使食用者间接中毒，危害人类的身体健康。

1.4.2.2 农村农药污染对农田动物的危害

农村农药污染对农田动物的危害主要体现在以下几个方面：

(1) 食饵种类和数量的减少。由于使用除草剂使某种杂草减少，以这种杂草为饵料的昆虫就受到影响，数量减少，使用杀虫剂可减少害虫天敌的数量。

(2) 生命栖息场所的变化。植物不但是昆虫和其他动物的食料，也是它们的栖息场所。因使用除草剂可以改变多种昆虫和动物的栖息场所，而使它们不适应。

(3) 消除了竞争种。在使用一些除草剂防治某些杂草时，又出现了原来没有达到危害程度的新杂草；防治土壤病害时反而增加了新的土壤病害；在用滴滴涕防治疟蚊时会增加其他种蚊子的数量。

(4) 消灭了天敌。在喷施杀虫剂后，反而增加了害虫的危害，其原因可能是捕食性天敌的减少。如果园中喷施杀虫剂杀死了叶螨类的天敌，而使红蜘蛛的危害更为严重；稻田使用杀虫剂消灭了捕食性天敌蜘蛛，使黑尾叶蝉在水稻生长后期大量产生。

1.4.2.3 农村农药污染对鸟类的危害

农药对野鸟发生危害的途径有：因食用含有农药的昆虫、蚯蚓、植物种子和果实，经拌种的种子而发生农药中毒；因昆虫和植物的死亡而发生鸟类的被迫迁移；通过食物链发生农药慢性中毒而影响鸟类的生活能力，甚至威胁生命。

例如，目前我国使用量较大的呋喃丹，是氨基甲酸酯类广谱内吸杀虫杀螨杀线虫剂，可用于多种作物防治土壤内及地面上的300多种害虫和线虫，属高毒杀虫剂，对鸟高毒。据江苏盐城丹顶鹤保护区的资料记载，1995年使用呋喃丹为小麦拌种剂，有6只丹顶鹤因食用毒麦粒而致死。

1.4.2.4 农村农药污染对水产养殖的危害

化学农药对于水产养殖的危害主要表现在以下两个方面：

(1) 水产品的养殖离不开水，水生动物长期生活在农药污染水环境中，其生长发育、抗病能力和产品质量自然要受到严重影响。

(2) 水产动物的饵料容易受到化学农药的污染，水生动物吃了受到化学农药污染的饲（饵）料，其产量和质量都将受到影响。例如一些鱼煮熟后吃起来有股煤油味，这就是鱼受到了一种称为“酚”的化学药物的污染所致。

1.4.2.5 农村农药污染对畜禽养殖的危害

化学农药对于畜禽养殖业危害主要表现在以下两个方面：

（1）现在广大农村为了防治农作物病虫杂草，农药使用的量越来越大，使用的次数越来越多，使用的范围也越来越广，使得畜禽的饮用水源和畜禽的饲料很容易受到污染，畜禽在饮用了受污染的水和饲料后，其正常的生长发育、抗病能力以及肉蛋等畜禽产品的质量都将受到影响。

（2）对于一些放养的畜禽来说，由于它们是在户外活动，除了受到被化学农药污染后的水和饲料的威胁外，还容易受到喷洒农药时的直接接触性危害，危及其健康和生命安全。就其饮用水的水源和吃食的饲料而言，所受影响也要比圈养的畜禽厉害得多，因为是户外放养，有些地方可能刚刚施过农药，放养的畜禽就有可能喝那里的水、吃那里的草，很容易引起畜禽急性中毒，甚至造成死亡。

1.4.2.6 农村农药污染对人体健康的危害

农药对于人体的危害主要表现为三种形式：急性中毒、慢性危害和“三致”（致癌、致畸、致突变）危害。

化学农药急性中毒往往导致神经麻痹乃至死亡。据世界卫生组织和联合国环境署报告，全世界每年有300多万人农药中毒，其中20万人死亡。我国每年农药中毒事故达50万人（次），死亡近万人。导致人们化学农药急性中毒的原因，除了直接接触化学农药外，主要是人们不知不觉中误食被化学农药污染的食品。不少人是因误食了喷洒过剧毒农药的蔬菜瓜果或者其他食物，而造成农药中毒甚至死亡。

长期接触或者食用含有农药残留的食品，可使农药在体内不断的蓄积，对于人体健康构成潜在的威胁，即慢性中毒。慢性中毒可以影响神经系统，破坏肝脏功能，造成生理障碍，影响生殖系统，产生畸形怪胎，导致癌症等。

农药在人体内不断地积蓄，在短时间内虽然不会引起人体出现明显的急性中毒症状，但是可能产生慢性危害。例如，有机磷农药和氨基甲酸酯类农药可以抑制人的胆碱酯酶活性，破坏神经系统的正常功能。农药慢性危害虽然不能直接危及人体生命，但是可降低人体免疫力，从而影响人体健康，致使其他疾病的患病率及死亡率上升。

例如，目前生产量和使用量都较大的代森类杀菌剂（代森锌、代森锰、代森锰锌等），具有致畸作用，并对胚胎有毒害作用，在代谢过程中与亚硝酸作用有可能生成致癌的亚硝胺。

1.4.2.7 农村农药污染对有害生物的农药抗药性的影响

农药的抗药性指的是在多次使用农药后，有害生物，包括害虫、病原菌和杂草，对所使用药剂的抗药力较原来正常情况下有明显增加的现象，而且这种由使用农药而增大的抗药力是可以遗传的。

害虫对农药的抗药性较病原菌和杂草更为突出，抗药性的产生减弱了有害生物种群对防治药剂的反应而降低了药剂的效率。为了达到必需的防治效果就要增加农药药量或药液浓度、增加防治次数，由于害虫抗性的发展，我国北方棉区的棉蚜对有机磷农药的抗性大大增加，有的农药用量甚至增加了100倍；蔬菜害虫小菜蛾对多类农药产生了抗性，甚至有时陷入“无药可治”的状况。农药使用量的增加必然导致农产品成本的增加、质量的下降和加重农药对生态环境的污染。

1.4.3 农村农药污染形成的原因

1.4.3.1 农药自身难以降解

有机氯农药是目前造成污染的主要农药。有机氯农药大部分是含有一个或几个苯环的氯的衍生物，其特点是化学性质稳定，残留期长，易溶于脂肪并在其中积累。如DDT含有2个苯环，在115~120℃加热15h性质仍很稳定，挥发性小，不溶于水，易溶于有机溶剂和脂肪。DDT在土壤中的挥发性不大，易被土壤胶体吸附，可通过植物根系渗入植物体内，在植物体内积累，然后通过食物链进入人体。由于DDT是持久性农药，分解很慢，即使DDT现在已停用了几十年，环境中的DDT浓度依然比较高。

1.4.3.2 农药废弃物管理不到位

尽管我国近几年加大了农药废弃物的管理力度，2017年2月8日国务院第164次常务会议修订通过的《农药管理条例》，对“防止农药废弃物污染环境的管理措施”有明确的规定；2017年12月25日环境保护部办公厅和农业部办公厅联合发布的《农药包装废弃物回收处理管理办法（征求意见稿）》，进一步明确了“农药包装废弃物的回收、贮存、运输、处置活动及其监督管理”的要求，我国农村农药废弃物回收处理率依然较低。部分农民在农药使用过程中，将喷洒剩余的药液或容器冲洗液随意倒入沟渠河道，或将农药包装瓶或包装袋随便丢弃在田间地头和沟渠河道，危害生态环境和公众健康。

其原因主要有三个方面：

（1）由于农民环保认识性不足，受传统生产和生活习惯的影响，农民农药安全使用水平低，农民环保意识普遍不高，使用后的农药包装废弃物往往随意丢弃的现象普遍。

（2）长期以来，环境保护工作“重城市，轻农村”，缺乏城乡环保一体化理念，对农民随手丢弃农药包装废弃物的现象和行为不能监管到位，农药废弃包装物的回收处置监管缺位。

（3）受基础设施和技术条件限制，农村缺少有资质的农药包装废弃物回收点和集中处理场所。

1.4.3.3 盲目使用化学农药

化学农药防治作物病虫害的效果好，但防治农作物病虫害不能单一地使用化学农药，如果长期大量使用化学农药，会加重农药污染程度。防治农作物病虫害应当采取综合防治措施，特别是下列情况下不宜盲目施用化学农药：

（1）病虫害的发生程度轻，还不至于对农作物造成危害时，可以用其他措施进行防治，而不要急于使用化学农药。

（2）对于用生物防治、物理防治或者其他防治措施可以达到防治效果的病虫害，不必使用化学农药。

（3）一些不宜或者不能使用化学农药的作物，应该禁止施用农药。例如，种植有机食品蔬菜、水果时，规定不得使用化学农药。

1.4.3.4 农药种类选择不科学

农田农药流失是农村农药污染的主要来源，农药流失量主要与农药性质、农田土壤类型、农业措施和气候条件有关。地下水位小于 1m 的地区，淋溶性或半淋溶性土壤地区，或年降雨量较大的地区，水溶性大、难降解、易淋溶、水中持留性很稳定的农药品种，易引起地下水污染。渗水性强的砂土或砂壤土地区，水溶性大、易淋溶的农药品种，也易引起地下水污染。水溶性大于 30mg/L、土壤降解半衰期大于 3 个月、在土壤中极易移动、易淋溶的农药品种，易对地下水产生污染；水溶性大于 30mg/L、吸附系数 $K_d<5$、在土壤中极易移动、水中持留性很稳定的农药品种，易对地表水产生污染。

1.4.3.5 施药器具和技术有待改进

目前我国农村普遍使用的喷雾器具，大多是老式的背负式手动喷雾器，浪费大、雾粒粗、防效差。传统的老式喷雾法，黏性差，沉积率低，70%～90%的药液滴落在土壤中，流失在水体中。建议村民们采用低量喷雾技术、静电喷雾技术、丸粒化施药技术、循环喷雾技术、药辊涂抹技术等先进的施药新技术，在保证杀虫效果的前提下，尽量减少化学农药的施用量。

1.4.3.6 农药包装材料有待革新

农药包装物是引起农村农药污染的主要农村农药废弃物之一，部分农民在农药使用过程中，将农药包装瓶或包装袋随便丢弃在田间地头和沟渠河道，危害生态环境和公众健康。水溶膜是一种经特殊工艺处理加工、可通过自然因素（H_2O）迅速降解的新型环保包装材料，并有改良土地的作用。因此它是一种新型的环保包装材料。利用水溶膜加工成农药产品内包装衬袋，可避免手触摸农药，且没有残留农药在塑料袋中，可以大大减轻农村农药污染程度。

2 农药污染的预防

2.1 农药的科学选择和合理施用

2.1.1 科学选择农药品种

2.1.1.1 按照国家政策和有关法规规定选择

选择农药应该按照农药产品登记的防治对象和安全使用间隔期。严禁选用国家禁止生产、使用的农药；选择限用的农药应按照有关规定；不得选择剧毒、高毒农药用于蔬菜、茶叶、果树、中药材等作物和防治卫生害虫。

国家质量监督检验检疫总局为指导科学、合理、安全使用农药，有效防治农作物病、虫、草害，使农产品中农药残留不超过规定的限量标准，保护环境，保障人体健康，制定颁布了9条《农药合理使用准则》（GB/T 8321.1~9），各准则涉及的农药种类、作物种类和准则项数见表2-1。准则详细规定了国内大部分农药的适用作物、防治对象、每667m^{2}每次制剂施用量或稀释倍数（有效成分浓度）、施药方法、每季作物最多使用次数、最后一次施药距收获的天数（安全间隔期）、实施要点说明、最大残留限量（MRL）参考值（mg/kg）等，在选择农药时，应该严格按照准则规定执行。

表2-1 各《农药合理使用准则》涉及的农药种类、作物种类和准则项数统计

准则号	涉及农药种类数	涉及作物种类数	准则项数
GB/T 8321.1—2000	18	11	32
GB/T 8321.2—2000	35	14	51
GB/T 8321.3—2000	53	13	83
GB/T 8321.4—2006	50	17	62
GB/T 8321.5—2006	43	14	61
GB/T 8321.6—2000	39	15	52
GB/T 8321.7—2002	32	17	42
GB/T 8321.8—2007	37	21	55
GB/T 8321.9—2009	56	23	69

国家农业部也制定一系列的农药使用技术规程和病害防治技术规范。

如《桑园用药技术规程》（NY/T 1027—2006）规定：在桑园禁止使用国家

禁用的农药品种、含有沙蚕类毒素类或致病微生物类农药；安全间隔期较长的农药品种，如合成菊酯类以及含有这类农药的各种复配制剂农药，在蚕期之前与之中禁用，也禁止在桑园中使用；在其他作物上使用时，要求不污染邻近的桑园。

再如《秸秆栽培食用菌霉菌污染综合防治技术规范》（NY/T 2064—2011）规定，不得在食用菌培养基质和覆土中加入或在发菌、出菇期喷洒使用下列农药：甲拌磷、治螟磷、对硫磷、甲基对硫磷、内吸磷、杀螟威、久效磷、磷铵、甲胺磷、异丙磷、三硫磷、氧化乐果、蝇毒磷、甲基异柳磷、地虫硫磷、水胺硫磷、氯唑磷、特丁硫磷、杀扑磷、丙线磷、硫线磷、甲基硫环磷、涕灭威、灭线磷、硫环磷、灭多威、克百威、磷化锌、磷化铝、氰化物、氟乙酰胺、甘氟、毒鼠强、氟乙酸钠、毒鼠硅、杀虫脒、毒杀芬、氯化苦、甲基溴、二溴氯丙烷、滴滴涕、六六六、二溴乙烷、五氯酚、五氯酚钠、氯丹、除草醚、艾氏剂、狄氏剂、汞制剂、砷类、铅类、敌枯双、三氯杀螨醇、氰戊菊酯，以及非农用抗生素类，生长激素类等。

2.1.1.2 根据防治对象选择

施药前应调查病、虫、草和其他有害生物发生情况，对不能识别和不能确定的，应查阅相关资料或咨询有关专家，明确防治对象并获得指导性防治意见后，根据防治对象选择合适的农药品种。

病、虫、草和其他有害生物单一发生时，应选择对防治对象专一性强的农药品种；混合发生时，应选择对防治对象有效的农药。

2.1.1.3 根据农作物和生态环境安全要求选择

应选择对处理作物和周边作物安全的农药品种，选择对天敌和其他有益生物安全的农药品种，选择对生态环境安全的农药品种。

应严格掌握除草剂对不同作物、品种及生育期的敏感性。首次使用的除草剂品种以及与其他物质的混用，应经过试验后方可使用，避免除草剂误用造成作物药害。不应在种植有敏感作物的农田附近喷施挥发性较强、具有潜在飘移药害风险的除草剂品种。灭生性除草用于农田附近铁路、公路、仓库、森林防火道等地除草时，应选择合理农药品种。

轮作倒茬时，应掌握上茬作物除草剂使用情况，避免种植对上茬所用除草剂敏感的作物品种。应使用易降解、残效期短的除草剂，不应使用在农田土壤中残效期长的除草剂品种，避免农田土壤中残留的除草剂造成后茬作物药害。鼓励使用有机肥，接种有效微生物，加速土壤中杀虫剂和除草剂的降解速度，减少对后茬作物的危害影响。

非耕地施用除草剂时，应远离农田、水塘，防止雾滴飘移和降雨形成的地表径流造成邻近作物药害。

2.1.1.4 根据环境污染风险选择

农药种类很多，通常按其溶解性分为水溶性农药和脂溶性农药两大类。

水溶性农药是较易溶于水中的农药。这类农药一般不需要经过加工制成乳油或可湿性粉剂或粉剂等，便能直接兑水稀释使用。内吸性农药大多数是水溶性的，如乙拌磷是能在植物体内被氧化或水溶性强的物质而在植物体内移动。敌百虫、乙烯利、杀虫脒、杀虫双、二甲四氯的钠盐等均属于水溶性农药。

脂溶性农药是指能溶于苯类、樟脑油、丙酮、酒精和煤油等有机溶剂的有机合成农药。这些农药都必须加工调制成乳油、乳粉、可湿性粉剂、粉剂等，才能在植物上使用。由于脂溶性农药的渗透性大于水溶性农药，所以其防治效果优于水溶性者。但同时脂溶性农药在生物体内及土壤内的残留性也远远大于水溶性农药。有机氯农药六六六、滴滴涕就是脂溶性很强的农药，容易在生物体内吸收、积累，进而对环境中的生物造成危害。

A 科学选择农药防止土壤污染

根据土壤类型、作物生长特性、生态环境及气候特征，合理选择农药品种，减少农药在土壤中的残留。地下水位小于1m的地区，淋溶性或半淋溶性土壤地区，或年降雨量较大的地区，不宜使用水溶性大、难降解、易淋溶、水中持留性很稳定的农药品种。渗水性强的砂土或砂壤土不宜使用水溶性大、易淋溶的农药品种，使用脂溶性或缓释性农药品种时，也应减少用药种类、用药量和用药次数。含氯磺隆、甲磺隆的农药产品，宜在长江流域及其以南地区的酸性土壤（pH值小于7）稻麦轮作区的小麦田使用。

节制用药。结合病虫草害发生情况，科学控制农药使用量、使用频率、使用周期等，减少进入土壤的农药总量。

改变耕作制度，提高土壤自净能力。采用土地轮休、水旱轮换、深耕暴晒、施用有机肥料等农业措施，提高土壤对农药的环境容量。

科学利用生物技术，加快农药安全降解。施用具有农药降解功能的微生物菌剂，促使土壤中残留农药的降解。

B 科学选择农药防止地下水和地表水污染

水溶性大于30mg/L、土壤降解半衰期大于3个月、在土壤中极易移动、易淋溶的农药品种，易对地下水产生污染；水溶性大于30mg/L、吸附系数K_d<5、在土壤中极易移动、水中持留性很稳定的农药品种，易对地表水产生污染，应避免使用。

地表水网密集区、水产养殖等渔业水域、娱乐用水区等地区的种植区，不宜使用易移动、难吸附、水中持留性很稳定的农药品种。

实施覆水灌溉时，应避免用水溶性大、水中持留性很稳定的农药品种。

不宜雨前施药或施药后排水，减少含浓度较高的田水排入地表水体。农田排水不应直接进入饮用水源水体。

C 科学选择农药防止有益生物危害

使用农药应当注意保护有益生物和珍稀物种。

对水生生物剧毒、高毒，和（或）生物富集性高的农药品种，不宜在水产养殖塘及其附近区域或其他需要保护水环境地区使用。在农田和受保护的水体之间建立缓冲带，减少农药因漂移、扩散、流失等进入水体。

对鸟类高毒的农药品种，不宜在鸟类自然保护区及其附近区域或其他需要保护鸟类的地区使用。使用农药种子包衣剂或颗粒剂时，应用土壤完全覆盖，防止鸟类摄食中毒。对蜜蜂剧毒、高毒的农药品种，不宜在农田作物（如油菜、紫云英等）、果树（枣、枇杷等）和行道树（羊槐、椴树等）等蜜源植物花期时施用。

对蚕剧毒、高毒的农药品种，不宜在蚕室内或蚕具消毒、蚕病防治时使用。配制农药不宜在蚕舍、桑田附近进行，施药农田与蚕舍、桑园建立安全隔离带，隔离带内避免农药使用。

2.1.2 节制用药

应根据不同的施药方法和防治对象、作物种类和生长周期确定用药量、使用频率和使用周期施药液量。

喷施土壤处理除草剂进行土壤封闭，或使用茎叶处理剂防除已出苗的杂草时，施药时期应选择：

（1）作物播种或移栽前；

（2）作物播种后出苗前；

（3）作物出苗或移栽后。

应准确称量除草剂药量，特别是活性高、安全范围窄的除草剂品种，应严格按照除草剂标签推荐用量使用，不应随意加大除草剂用量，避免除草剂超量使用造成作物药害。

应均匀喷施除草剂，不应重复喷施，避免除草剂超量使用造成作物药害。

2.1.3 抗性风险管理

长期使用某种农药防治害虫时，往往使一些害虫抗药力不断增强，用药剂量或浓度需在初用的基础上增加许多倍才能达到原有的防治效果，即称为抗药性。抗药性一般分为单抗性、复抗性、交互抗性、负交互抗性等四种。同一地区连续使用一种农药所引起的抗性，称单抗性；某种害虫对使用过的几种类型不同的农药所产生的抗性，称复抗性；一种害虫对某种农药产生抗性，而对未使用过的另一种农药也产生抗性，称交互抗性；害虫对某种农药产生抗性后，却对另一种未使用过的农药表现得更为敏感（抗药力更差），称为负交互抗性。

采取以下措施有助于阻止害虫抗药性的产生，提高药效：

（1）混合用药。两种或两种以上的不同作用机制或抗性机制的药剂混合使用，不仅能克服和延缓抗药性产生，并能起到兼治多种害虫，增强药效，减少药剂用量，降低成本的作用。如菊醋与杀虫脒混合兼治棉铃虫、红蜘蛛，在减少农药用量的情况下，有明显的增效作用。混合用药时，药剂组分的选择、配比以及混合的程序等要符合农药相容性和延缓抗药性的要求。

（2）交替用药。选择无交互抗性的药剂轮换使用，能阻止害虫抗性的发展。如有机氯与有机磷杀螨剂轮换使用，能延缓红蜘蛛抗性产生。菊酯类与有机磷、有机氮类农药没有交互抗性，可以混用。

（3）更换药剂品种。害虫抗性出现后，换用无交互抗性或负交互抗性的农药，如抗六六六的螟虫，换用杀虫双，抗滴滴涕、乙基对硫磷的棉铃虫，换用甲胺磷、菊醋一类农药，可以明显提高防治效果。

（4）适当放宽防治指标，减少用药次数与面积，同时将施药剂量和浓度控制在一个有效低水平上，也有助于阻止害虫抗药性的产生。

（5）在农药中加入增效剂，以增强农药的活性，提高药效。农药增效剂的作用机理，主要是抑制或弱化靶标（害虫、杂草、病菌等）对农药活性的解毒防药害作用，延缓药剂在防治对象内的代谢速度，从而增加生物防效。农药增效剂基本组成为有机硅聚氧乙烯醚化合物，可以作为喷雾改良剂、叶面吸收助剂、活化剂等，广泛应用于杀虫剂、杀菌剂等农用化学品的喷雾混合液中，特别适合内吸型药剂。

2.1.4 按规范配制农药

农药配制场所应远离水源、居所、畜牧栏等。农药应现用现配，不宜久置；短时存放时，应密封并安排专人保管。

应选择没有杂质的清水配制农药，不应用配制农药的器具直接取水，药液不应超过额定容量。应根据农药剂型，按照农药标签推荐的方法配制农药。

量取和称量农药时，应在避风处操作。所有称量器具在使用后都要清洗，清洗方法应采用“少量多次”的办法，即用少量清水清洗 3 次；冲洗后的废液应在远离居所、水源和作物的地点妥善处理。用于量取农药的器皿不得作其他用途。农药在使用前应始终保存在其原包装中。在量取农药后，封闭原农药包装并将其安全贮存。

配制农药应采用“二次法”进行操作：

(1) 用水稀释的农药，先用少量水将农药制剂稀释成“母液”，然后再将“母液”进一步稀释至所需要的浓度。

(2) 固体载粉稀释的农药，应先用少量稀释载体（细土、细沙、固体肥料等）将农药制剂均匀稀释成“母粉”，然后再进一步稀释至所需要的用量。

采用喷雾法施用农药时，施药量超过喷雾器药液箱容量时，取喷雾器药液箱额定容量80%左右的清水加到药液箱中，将计算出的每一药液箱中应加入的农药量用量具量出，加入药液箱的水中，搅匀。用剩余20%左右的水分2~3次冲洗具量，冲洗水全部加入药液箱中，搅匀后即可喷洒。施药量不足一箱药液时，取施药量80%左右的清水加到喷雾器药液箱中，将计算出的所需农药量用量具量出，加入药液箱的水中，搅匀。用剩余20%左右的水分2~3次冲洗量具，冲洗水全部加入药液箱中，搅匀后即可喷洒。

配制现混现用的农药，应按照农药标签上的规定或在技术人员的指导下进行操作。

2.1.5 科学施用

2.1.5.1 施药时间

应根据病、虫、草和其他有害生物发生程度和药剂本身性能，结合植保部门的病虫情报，确定是否施药或者施药适期。

不应在极端低温、高温、雨天时施药；应根据风力大小，参照表2-2进行施药选择。

表2-2 风速特征与施药选择

种类	风速/$m \cdot s^{-1}$	可见征象	施药选择
无风	≤1	静、烟直上	选择性施药
软风	1~2	烟能显示风向	超低量或低量施药
轻风	2~4	人面感觉有风，树叶有微响	低量或常量施药
微风	4~6	树叶和小枝摇动不息	常量施药，避免施撒除草剂
和风	6~8	能吹起地面灰尘和纸张，树枝摇动	不能施药

2.1.5.2 施药方法

应按照农药产品标签或说明书规定，根据农药作用方式、农药剂型、作物种类及防治对象及其生物行为情况选择合适的施药方法。施药方法包括喷雾、撒颗粒、喷粉、拌种、熏蒸、涂抹、注射、灌根、毒饵等。

选择设施内施药方法时应注意：

(1) 采用喷雾法施药时，宜采用低容量喷雾法，不宜采用高容量喷雾法。

（2）采用烟雾法、粉尘法、电热熏蒸法等施药方法时，应在傍晚封闭棚室后进行，次日应通风1h后人员方可进入。

（3）采用土壤熏蒸法进行消毒处理期间，人员不得进入棚室。

（4）热烟雾机在使用时和使用后半小时内，应避免触摸机身。

2.1.5.3 田间施药作业

应根据风速和施药器械喷洒部件确定有效喷幅，并测定喷头流量，按以下公式计算作业时的行走速度：

$$V = \frac{Q}{q \times B} \times 10$$

式中 V——行走速度，m/s；

Q——喷嘴流量，mL/s；

q——农艺上要求的施药液量，L/hm^2；

B——喷雾时的有效喷幅，m。

人正常行走速度取值范围一般为1～1.3m/s，若计算得出的行走速度过大或过小，应适当改变喷雾量（如更换喷片的孔径或选择不同型式的喷头）进行调整。

应根据施药机械喷幅和风向确定田间作业行走路线。使用喷雾机具施药时，作业人员应站在上风向，顺风隔行前进或逆风退行两边喷洒，严禁逆风前行喷洒农药和在施药区穿行。

背负机动气力喷雾机宜采用降低容量喷雾方法，不应将喷头直接对着作物喷雾和沿前进方向摇摆喷洒。

使用手动喷雾器喷洒除草剂时，喷头一定要加装防护罩，对准有害杂草喷洒。喷洒除草剂的药械宜专用，喷雾压力应在0.3MPa以下。

喷杆喷雾机应具有三级过滤装置，末级过滤器的滤网孔对角线尺寸应小于喷孔直径的2/3。

施药过程中遇喷头堵塞等情况时，应立即关闭截止阀，先用清水冲洗喷头，然后戴着乳胶手套进行故障排除，用毛刷疏通喷孔，严禁用嘴吹吸喷头和滤网。

2.1.5.4 喷雾器施药

根据不同的作业要求，参照以下原则选择合适的喷头或喷洒部件，并根据需要加装防护罩：

（1）喷洒除草剂时应使用防飘移喷头，如果使用其他形式喷头，应加装防护罩。

（2）喷洒杀虫剂时应选用圆锥雾喷头和扇形雾喷头。

(3) 作物生长前期或中后期进行各种定向针对性喷雾时选用单喷头。

(4) 双行同时喷洒和作物中后期株顶定向喷雾时选用双喷头。

(5) 宽幅作物进行株顶针对性施药和喷洒除草剂时选用横杆式三喷头、四喷头。

(6) 圆锥雾喷头 1.0~1.3mm 孔径喷片适合常量施药，0.7~1.0mm 孔径喷片适宜中低量喷雾。

(7) 防治作物病虫害时，作物苗期应选用小规格喷头（如选用喷孔为 ϕ0.7mm 左右的喷片）。

(8) 作物生长中后期，应选用大规格喷头（如选用喷孔为 ϕ1.0~1.3mm 左右的喷片）。喷洒时应叶背、叶面整株喷洒。

(9) 施药区域周边种植有对拟使用除草剂较敏感的作物时，应通过压低喷头、加装防风罩、选择无风时节用药等措施，避免除草剂对邻近作物造成飘移药害。

(10) 施用灭生性除草剂时应避免喷施到作物，行间施药时应加装防护罩。

(11) 非选择性除草剂应采用行间定向保护性喷雾。

加注药液应用滤网过滤，并应先将截止阀关闭。药液不应超过药液箱壁上所示水位线位置。加注药液后应盖紧药液箱盖。

施药时，操作人员应站在上风，实行顺风隔行施药。多台喷雾器同时喷洒时，相邻操作人员应相距 1 个喷幅，前后相错呈梯形前进，下风侧的人先喷。

喷洒触杀性杀虫剂防治栖息在作物叶背的害虫（如棉花苗蚜）时，喷头应朝上，针对叶背定向施药。同时应保证第一行作物能得到充分的防治。

压顶喷洒和喷洒除草剂等特殊作业，根据需要调整喷头离目标生物高度。

使用背负式喷雾器施药时，操作者应摇动摇杆 8~10 次，使空气室内压力达到工作压力后再打开截止阀，以每走 3~4 步摇动摇杆一次的频率边走边施药。药液沉积应分布均匀，不应重喷和漏喷。

加注药液不得超过规定的水位线。按照 2.1.5.3 节确定的行走速度，边行走边打气边施药。压缩喷雾器在使用过程中，药液箱内压力会不断下降，当出现喷雾时断时续、气雾交替现象时，要暂停施药，重新打气加压，以保证良好的雾化质量和防治效果。

当中途停止喷药时，应立即关闭截止阀，将喷头抬高，减少药液滴漏在作物和地面上。

2.1.5.5 施药后处理

施药后处理如下：

(1) 警示标志。施药工作结束后应在田边插上“已喷农药，禁止进入”的警示标记，施药后24h内禁止进入。

（2）残余药液的处理。残余药液应喷洒到作物上，在加入倒数第二箱药液时，适当减少农药剂量；废剩的农药应用牢固不易碎的容器包装，并有清楚的标识。

（3）喷雾器和个人防护用具的清洗。施药结束后，喷雾器的内部和外表面应在施药地块进行彻底清洗，避免在小溪、河流或池塘等水源中清洗施药器械；清洗液不应倾倒入饮用水水源、渔业水域、居民点等地，应该喷洒到该农药登记注册使用的目标作物上，并要保证这种重复喷洒不会超过推荐的施药剂量；整个输液管路和喷雾系统应全部清洗，清洗方法应采用“少量多次”的办法，即用少量清水清洗3次；喷雾器次日喷洒同样或相似农药时，药液箱中可保留清洗废液或者重新加入少量干净的清水贮藏过夜；喷雾器清洗完毕后，以摇杆操作频率高于正常操作频率而产生的压力，使清水在喷雾系统中流动，输液管路系统不应有药液渗漏。若有渗漏，喷雾器应维修正常后下一次方可使用；防护用具应清洗干净，晾干后存放。

（4）空农药包装容器的处置。应采用“少量多次（即用少量清水清洗3次）”的办法对空农药包装容器进行清洗，清洗应在农药取用完毕后立即进行，以便在施药地点把清洗液加入喷雾器的药液箱中作为稀释用水；空农药包装容器应集中收集，不得随意丢弃。

2.1.6 剩余农药处理

每年农民买农药都不可能按量准确购买，一般都会剩一些。剩余农药若处理不当，不但容易造成人畜中毒，而且还会因保存方法不当造成失效浪费。

为了预防事故，从安全着眼，剩余农药最好放在木箱内，并在外面贴标签加锁。农药标签不可丢失，因水湿等原因造成字迹不清时，要人工抄写，贴在外包装上。

农药不可与粮食、菜、饲料同室，远离易燃物，如鞭炮、火药等；农药原包装瓶、袋不能装食品及家庭日常用品。

农药多数都有挥发性，存贮要密封。乐果、敌敌畏、辛硫磷等挥发极易造成空气污染，一定要拧紧瓶盖，密封保存。

不得用其他容器盛装剩余农药，严禁用空饮料瓶分装剩余农药。没用完时两种农药不可混在一个瓶、袋内，以免产生化学反应失效。也有些农药互相间隔要有较大距离，如碱性、酸性、中性农药混放在一起会导致药效降低、变质或失效。

农药要存放在阴凉、干燥、通风的地方。储存温度不超35℃，高温会破坏乳剂农药的乳化性能，降低其药效，高温也会降低粉剂农药的药效。存放粉剂农药的相对湿度要保持在75%以下，以防因潮湿结块。

过低温度会使液体农药结冰、冻裂，液体农药保存温度要保持在1℃以上，天冷可用稻草、稻壳等覆盖保温。

许多农药都要避光保存，长期阳光照射会使农药分解变质、失效。

2.2 病虫草害的物理防治

病虫草害的物理防治是利用简单工具和各种物理因素，如光、热、电、温度、湿度和放射能、声波等防治病虫草害的措施。

2.2.1 人工捕杀

人工捕杀是利用一些害虫的群集性、潜藏性和假死性等生物学特性，进行人工或采用简单器械捕杀。人工捕杀适用于活动性不强、危害集中的害虫的防治，如人工摘除带有潜叶蝇、粉虱等的叶片或蓑蛾的虫袋。对于金龟子等具有假死性的害虫，可在夜间突然振动树干，捕杀假死落地成虫；国槐尺蠖幼虫，可振动树干，令其吐丝下垂捕杀。因有部分种类的昆虫与人直接接触可对人造成伤害，如咬伤、蜇伤等，因而若用手直接捕捉时，最好戴上橡皮手套。

小型吸虫管、小铁圈、螺丝刀等器械是移除害虫的有用工具。如臭椿沟眶象，在幼虫刚开始活动还未蛀入木质部之前（每年4月中旬），可用螺丝刀拨开有虫树皮，挤杀蛀坑处幼虫。一些身体软易受破坏或一经敲落不易再爬上植株的害虫，如鳞翅目一些害虫的成虫、蜡蝉等，可先用强力水柱喷射受害植株，使害虫行动变缓而易于捕捉或直接杀死、伤害害虫。在害虫的蛹期等特殊生理阶段，可以挖蛹消灭。如美国白蛾，可于每代幼虫化蛹期末或来年4月上旬前，在臭椿、法桐等树木周围的墙缝、树皮翘起处、砖下、堆物下、窗下等隐蔽处，寻找零星分布的暗灰色棉絮状物用铁钩钩出，取出其中蛹用利器挤死。人工刮除枝、干老翘皮及腐烂病斑，一些害虫（如红蜘蛛）有在树皮缝中越冬习性，可以被刮除。蚧壳虫点片发生严重的枝干，可以用硬毛刷刷除越冬若虫、卵囊等，以降低虫口数。

2.2.2 人工清除病株、病部

冬季可进行剪梢、剪枝、修枯桩，对病枯枝、虫卵枝、僵果、病果等进行剪除，彻底清扫果园，清除病枯枝、干僵果、落叶等，消除菌虫源。在彻底刮除腐烂病斑后进行树干涂白，用生石灰、20波美度石硫合剂、食盐、清水按6：1：1：10比例制成涂白剂，涂抹树干和主枝基部，可以减少病虫危害。涂白剂内部都含有一定的杀虫杀菌剂，给树木刷上涂白剂以后能够杀死树体上的病菌和虫卵，并且白色对一部分害虫具有趋避作用，刷上涂白剂以后这些害虫不会爬上树，能减少来年春天树木上的病虫害数量。

2.2.3 设施隔离

在栽培棚门窗和通风口处安装防虫网，可防止害虫入侵。防虫网的网纱目数应根据具体情况而定，太密不利通风降温，太疏则小虫容易进入，起不到防虫作用。一般情况下，以380~250μm（40~60目）的白色或银灰色防虫网为宜。资料表明，在番茄种植中设置了防虫网的大棚，病毒病发生率仅为0.3%；而没有设置防虫网的对比区，发病率在30%以上。

红蜘蛛、桃小食心虫等害虫均有地下越冬习性，可于4月初实行地膜覆盖，不使病原菌、害虫上果树，并可消灭出土幼虫和羽化的成虫。枣树象甲、步曲的高发区，在3月上旬堆土堆、挖隔离沟或将反卷的塑料捆扎于果树干，可阻止害虫上树，并于每天清晨补集杀死。

2.2.4 高温处理

用55~60℃温水浸种。可杀死种子内外潜伏病菌；用电热器进行土壤消毒，可减少土传病害。采用日光晒大棚（晴天4~5d）、高温闷棚（棚温55℃以上5~7d）以及对栽培场地进行露晒，均有消毒杀菌作用。

2.2.5 诱杀

诱杀是根据害虫的趋光性、趋化性等习性，通过一定的物理装置、化学毒剂或人工处理，将害虫诱集杀死的一种防治方法。昆虫对光产生向着光源方向活动的反应，称为趋光性；昆虫对于化学物质的刺激而产生的反应行为称为趋化性，趋化性与昆虫的觅食、求偶、避敌、产卵等密切相关。在害虫的综合治理中，诱杀法不仅具有良好的杀虫效果，而且省药、省力、省时，可以大大减少农药的施用量，降低农药对环境的污染。常用的诱杀方法有灯光诱杀、颜色诱杀、毒饵诱杀、性外激素诱杀法、毒草诱杀法、桐叶诱杀法、杨柳枝诱杀法、堆草诱杀法、束草诱杀法等。

2.2.5.1 灯光诱杀

A 灯光诱杀原理

灯光诱杀技术就是利用生物的趋光性诱集并消灭害虫，从而达到防治虫害和虫媒病害的目的。灯光诱杀专门诱杀害虫的成虫，降低害虫基数，使害虫的密度和落卵量大幅度降低，从而减轻和避免害虫对人、对农作物的直接危害或传播病害。

害虫的灯光诱杀一般采用宽谱诱虫光源，其光谱范围为320~680nm。宽谱诱虫光源诱杀害虫种类多，效果好，数量大。宽谱诱虫光源对于鳞翅目类各种成虫有特效，如菜蛾、棉铃虫、地老虎、食心虫、蒂蛀虫、吸果叶蛾、美国白蛾等；还对其他主要害虫有显著诱集效果，如鞘翅目类的金龟子、天牛、步甲、跳甲、象鼻虫等，双翅目类的蚊子、蝇、蠓、虻等，同翅目类的飞虱、叶蝉等，直翅目类的蝼蛄等。

灯光诱虫的有效范围就是以害虫可看见诱虫光源的距离为半径所做的圆，一般距离大约80~100m，有效面积大约2~3hm（30~45亩）。灯光诱虫的有效范围还和诱虫光源的种类和功率相关。节能灯光效率高，较低功率的节能宽谱诱虫灯也能超过较大功率白炽灯和普通荧光灯、紫外灯的有效范围。灯光诱虫的有效范围也和杀虫灯安置的高度有关，在害虫可看见杀虫灯的距离范围内，杀虫灯安装的位置较高，有效范围也较大；但安装位置太高，不便于操作；以养殖为主使用杀虫灯，可以高灯和低灯配套，高灯扩大诱集范围，低灯方便喂养动物。

B　杀虫灯

杀虫灯是实施灯光诱虫技术的专用灯具，必备器械。杀虫灯的基本结构一般包括诱虫光源、杀虫部件、集虫部件、保护部件、支撑部件等。

杀虫灯按电源分类，可以分为交流电杀虫灯、蓄电池杀虫灯和太阳能杀虫灯：

（1）交流电杀虫灯。交流电杀虫灯适用于有交流电源的使用场地，是传统的杀虫灯供能方式，可人工控制，也可实行全自动控制。如果为使用杀虫灯，安装符合安全供电标准的交流供电线路，投资成本较高；而且在农田中使用交流电，安全隐患较大。

（2）蓄电池杀虫灯。蓄电池杀虫灯配有蓄电池和充电器；适用于有交流电供电条件的区域。以蓄电池为杀虫灯能源，实现半自动控制，使用安全性优于交流电杀虫灯。蓄电池杀虫灯价格比交流电杀虫灯高，使用过程中还需要支出电费，而且需专人充电、管理。

（3）太阳能杀虫灯。太阳能杀虫灯配有太阳能供电系统，太阳能供电系统包括太阳能电池、蓄电池和控制器。太阳能杀虫灯适用于白天有阳光的任何生产环境，能全自动安全高效工作，是节能、环保的新能源杀虫灯。太阳能杀虫灯售价较高，一套杀虫灯有效范围一般30亩左右，太阳能电池板工作寿命20年以上，工作期间不再需要支付电费，每年每亩可节约农药成本和施药用工费用100多元。

杀虫灯的杀虫方式主要有电击式、水溺式、毒杀式和其他一些方式。

（1）电击式。电击式杀虫灯将诱集来的害虫，通过高压电网击倒，由集虫器收集。电击式杀虫灯适用于各种农业生产条件，售价较高，杀虫效果较好，一般灯下虫害较少或没有虫害。

（2）水溺式。水溺式杀虫灯适用于水资源条件较好和实施种养结合的农业生产条件，杀虫效果不及高压电击式杀虫灯，售价较低。一般将杀虫灯设置在自然水面、人工水池上，或在灯下设水盆。水溺式杀虫灯杀虫效果较差，掉入水中的害虫有部分还可能重新起飞逃逸；特别是用水盆集虫，水盆面积较小，引诱来而未被溺死的害虫，就会聚集在灯下 1m 半径范围内，形成虫害，需要特别防治。所以，水溺式杀虫灯最好用于水产养殖塘，或禽类、蛙类养殖场，利用食虫动物快速捕食未被溺死的害虫。

（3）毒杀式和其他一些方式。毒杀式杀虫灯必须用挥发性强，有嗅杀作用的化学农药，而且毒杀的害虫也不能作为高蛋白饲料，在生产中不提倡采用；只有测报、研究单位，需要收集尸体完整的标本时采用。其他还有利用粘虫纸（板）的粘连式等一些方式，但使用比较麻烦，一般也不采用。

灯光诱虫是替代化学防治病虫害，实现农产品质量安全的最佳生物保护方法，也是提高资源利用率，提高综合效益的动物高蛋白饲料收集方法。我国农田养殖有悠久的历史，水田养殖（在稻田、藕田中放养鱼、虾、蟹、鳖、蛙、鸭）和旱田养殖（在树林、果园、桑园、菜园中放养禽类、蛙类等）能显著提高综合效益。种养结合技术到目前为止仍未能在大面积生产中推广应用，研究其原因主要是：种植业生产防治虫害使用化学农药是种养结合技术推广的主要障碍。与种养结合技术配套，科学使用杀虫灯，排除了推广应用种养结合生态农业技术的障碍，杀虫灯诱集的害虫直接喂养放养的食虫食草动物，很自然地解决了杀虫灯下害虫相对集中的问题；实现种植业物理防治与养殖业活饲料收集喂养结合，提高资源利用率、土地产出率、劳动生产率，显著提高杀虫灯使用效率、提高杀虫灯使用的综合效益、增加农民收入。

2.2.5.2 *颜色诱杀*

昆虫在长期的进化过程中产生了对色彩的趋性，即通过视觉器官中的感光细胞对光波产生感应而做出趋向反应。昆虫对色彩的趋性分为正负性，趋向色彩的为正趋色彩性，避开色彩为负趋色彩性。各种昆虫对色彩的趋性有特定的选择和爱好，且不同性别和发育阶段均可有差异。昆虫种类不同，它们的趋色性不同，在农业生产实践中，植物保护人员利用昆虫的趋色性，制成有色粘虫板来诱捕危害农作物的害虫。如利用蚜虫、粉虱、叶蝉、潜叶蝇等昆虫对黄色有较强的趋性而制成黄色粘虫板；利用蓟马对蓝色有较强的趋性而制成蓝色粘虫板，诱捕“好色”飞行昆虫或一些爬行“好色”昆虫，这就是通常说的黄蓝板“色诱”技术。另外根据蚜虫对银灰等色彩的负趋向性，设置银灰色塑料薄膜、铝箔、黑色塑料薄膜或向棉地喷洒大白粉乳液等可以起到避蚜作用。粘虫板“色诱”技术是农业部门近几年来主推的绿色防控技术之一。粘虫板所粘害虫主要有同翅目、双翅目、缨翅目等小型昆虫，还有极少的半翅目、鞘翅目、膜翅目等昆虫。

黄板诱杀法是常用的方法之一，适合诱杀对黄色具有强烈趋性的蚜虫、白粉虱等，具体操作如下：将纤维板或硬纸板裁成 1m×0.2m 的长条，涂成橙皮黄色，再涂上一层粘油（用 10 号机油加少许黄油调匀），每亩 32~34 块，置于行间，使黄板底部与植株顶端相平或略高。当蚜虫、粉虱等粘满板面时，需及时重涂粘油，一般可 7~10d 重涂 1 次。

色板诱杀具有操作方法简便、防效明显、安全环保、少伤害天敌等优点，是发展生态农业防治害虫的首先措施之一。为了提高实际应用效果，在安置时注意掌握以下技术要点：

（1）悬挂时间要适宜。防治害虫时，宜在害虫发生初期悬挂；监测虫情，则整个生长季节均可悬挂。

（2）悬挂高度要正确。粘虫板的所挂高度与昆虫的交配行为、飞行行为、寻找寄主植物的习性，植物的发育特性，气象等因素有关系。粘虫板的设置高度应与植株顶端平齐或略高于植株高度（10~20cm）。在植株生长过程中，要随植株的生长不断调节粘虫板的高度。

（3）悬挂方向。板状垂直放置粘虫板的方向一般分为与植株行向平行和与植株行向垂直两种。建议以东西方向为宜，板间间距 6~8m（根据实际情况稍做调整），实际过程中也要考虑农事操作的方便。

（4）悬挂数量要充足。刚开始时可悬挂少量粘虫板，以监测虫口密度，当粘虫板上虫量增加时，适当增加粘虫板数量。

（5）注意维护。粘虫板使用一段时间后会粘满害虫和尘土，使粘虫效果变差，甚至失去粘虫能力，应及时更换或补胶，使用完的粘虫板应回收后集中处理。

（6）使用粘虫板可以有效减少用药次数，但要想提高整体防治效果，还需要有效结合其他防治措施。

将色诱与灯光、频振波、性诱剂、食诱剂、杀虫剂等复合制成器械、器具、涂料等以扩大和提高诱虫的范围和效果。比如，在黄板上放置小菜蛾性诱剂，可诱杀小菜蛾成虫；白色粘虫板配以性诱剂，可诱杀食心虫雄成虫、棉铃虫雄成虫等多种害虫的成虫；配以其他诱剂也可以防治蟑螂、苍蝇等害虫。

2.2.5.3 毒饵诱杀

毒饵诱杀是利用害虫的趋化性，将农药加入具有诱食作用的物料中，加工成一定形态的毒饵来诱杀有害动物的施药方法。具体操作中，可以将农药和诱饵配成固体毒饵堆施、条施或撒施于有害动物出没处，也可配成液态毒饵放入盆中诱杀害虫，或喷于作物以外的植物上诱杀害虫，也可涂布于纸条或其他材料上引诱害虫舔食而中毒死亡。如用炒香的麦麸拌药诱杀蝼蛄，用糖醋酒液诱杀小地老虎等。毒饵诱杀法省工省药，适用于诱杀具有迁移活动能力的有害动物，如害鼠、害鸟、害虫、蜗牛等。

糖醋液诱杀法是常用的方法之一，糖和醋有香味，可以吸引害虫，而酒水具有挥发性，它可以将糖和醋的味道传播到更远的地方，让害虫闻到。糖醋液诱杀法具体操作如下：用糖 3 份、醋 4 份、酒 1 份、水 2 份，配成糖醋液，并按 5% 的比例加入 90%晶体敌百虫，然后把盛有毒液的盆放在菜地里高 1m 的土堆上，每亩放糖醋液盆 3 只，白天盖好，晚上揭开，可以诱杀斜纹夜蛾、甘蓝夜蛾、银纹夜蛾、地老虎等多种害虫。

2.2.5.4 性外激素诱杀

性外激素诱杀是利用人工合成的性外激素、性外激素的粗提物、未交尾的活雌虫作诱饵诱杀雄虫的方法，目的是通过大量诱杀雄虫，使自然界这些害虫雌雄性比失去平衡，造成部分雌虫不育，减少下一代虫口密度，以达到防治害虫的效果。

性外激素诱杀法具有操作简便、成本低、易推广等优点，在虫量少时应用效果明显。具体做法是：用 270~250μm（50~60 目）防虫网制成一个长 10cm、直径 3cm 的圆形笼子，每个笼子里放 1~2 头未交尾的雌蛾，把笼子吊在水盆上，水盆内盛水并加入少许煤油，在黄昏后放于田中，每晚可诱杀很多的雄蛾。

2.2.5.5 毒草诱杀法

在地老虎幼虫发生期，每 667m^2 用鲜杂草 30~40kg，先铡成 2cm 左右的小段，再拌入 90%晶体敌百虫 50g 或 2.5%敌百虫粉剂 500g，拌匀后于傍晚撒施，诱杀效果良好。

2.2.5.6 桐叶诱杀法

地老虎幼虫对泡桐树叶具有趋性。可取较老的泡桐树叶，用清水浸湿后于傍晚放在田间，每 667m^2 80~120 片，第二天一早掀开树叶捉拿幼虫，效果很好。若将泡桐树叶先放入 90%晶体敌百虫 150 倍液中浸透，再放到田间，可将地老虎幼虫直接杀死，药效持续 7d 左右。

2.2.5.7 杨柳枝诱杀法

杨柳枝中含有某些特殊的化学物质（水杨苷），对棉铃虫蛾等多种害虫具有诱集作用。剪取长 50~66cm 的新鲜杨柳枝，放置一天，使其萎蔫，然后每 8~10 根捆成一把，于傍晚插放在田间，使其高出棉株 15~33cm，每亩插放 6~8 把，第二天早晨用塑料袋套把捕蛾，并将把子收回，洒上水保湿，防止叶片脱落，傍晚再重新插入田间。杨柳枝一般每隔 10d 左右更换一次；在杨柳枝少的地方，可采用枫杨、玉米叶等作为替代物，也具有一定效果。

2.2.5.8　堆草诱杀法

利用蟋蟀喜栖于薄层草堆下面的习性，将厚度 10~20cm 的小草堆按 5m 一行、3m 一堆均匀地摆放在田间，次日揭草可集中捕杀。若在草堆下面放些毒饵或用直径 3~5cm 的木棍捣成洞穴，则效果更好。这种方法不便于大面积推广，但很适合在菜田应用。

地老虎幼虫超过三龄后，地面喷药往往很难收到预期的效果，可采用堆草法诱捕。傍晚将鲜草均匀地堆放在田间，每 $667m^2$100 堆，每堆面积约 $0.1m^2$，第二天清晨翻开草堆捕杀虫，如此连续 5~10d，即可将大部分幼虫杀死。草堆一般每隔 3~4d 更换 1 次，日晒干枯后可泼些清水，以提高诱集效果。

2.2.5.9　束草诱杀法

梨星毛虫、梨小食心虫、苹果小食心虫等害虫，喜欢潜藏在粗树皮裂缝中越冬。因此，可在它们越冬前，在树干上束草包包扎麻布片，诱集他们进来越冬，然后集中杀死。

2.2.6　嫁接换根

土传病害是指病原体如真菌、细菌、线虫和病毒随病残体生活在土壤中，条件适宜时从作物根部或茎部侵害作物而引起的病害。随着温室大棚蔬菜连年种植和复种指数的不断提高，不注重使用有机肥，大量、不合理使用化肥、农药，造成土壤有益菌被杀灭，土壤结构越来越差，土传病害逐渐加重，成为蔬菜安全生产发展的制约因素。危害蔬菜比较严重的土传病害有猝倒病、立枯病、枯萎病、黄萎病、疫病、根腐病、青枯病、线虫病等。特别是连作大棚的土传病害发生尤为严重，一般减产 20%~30%，发病严重的地块造成绝产。

嫁接换根能有效地防治土传病害，达到增产增收的目的。蔬菜嫁接换根技术是利用茄科、葫芦科蔬菜砧木品种的抗性，不仅能减少病虫害的发生，而且能提高作物抗逆能力和肥水利用率，增加产量和改善品质，是一项周期短、投资少、见效快的无公害栽培技术。

蔬菜嫁接换根栽培首要的问题是要选择合适的砧木，砧木种类和接穗品种及其特性对嫁接栽培的成败起着决定性的作用。优良砧木应具有以下特点：

（1）嫁接亲和性好，苗木寿命长。

（2）根系发育良好，吸收水肥能力强，切花产量和质量高。

（3）抗逆性强，尤其是抗根际病虫害。

（4）栽培管理简单，生长势强。

（5）容易繁殖，可以在短时间内得到大量材料供嫁接使用。

（6）便于嫁接操作等。适合嫁接黄瓜、茄子、番茄、辣椒的砧木，分别有云南黑子南瓜、托鲁巴姆、高抗茄和金田辣椒。

插接法、靠接法和劈接法是三种常用的高效快捷、简单易学、成活率高的蔬菜嫁接方法。

2.2.6.1 插接法

插接法也称顶接法，即在砧木顶部（生长点）将接穗插进去，以达到嫁接的目的。西瓜、黄瓜等作物用此方法嫁接，成活率达95%以上。主要方法及技术要点是：先用刀片削除砧木生长点，然后用竹签在砧木口斜戳深约1cm的孔，取接穗在子叶以下削长约1cm的楔形面，插入砧木孔中即完成嫁接。嫁接时砧木苗以真叶出现时为宜，接穗苗以子叶充分展平为宜，为使砧木与接穗适期相遇，砧木应提前5~7d播种，出苗后移入营养钵中，同时播种接穗，7~10d即可嫁接。

2.2.6.2 靠接法

靠接法适宜于黄瓜、西（甜）瓜等蔬菜嫁接，成活率为90%~95%，茄果类蔬菜也可采用此法，但成活率一般在80%~85%之间。主要方法及技术要点是：砧木苗与接穗苗大小、茎粗要接近，削掉砧木生长点，并在下胚轴靠近子叶1cm处用刀片向下斜削，刀口长0.8~1.0cm，深度达茎粗的2/3，然后再取接穗苗，在与子叶垂直方向用刀片自子叶节下2.5cm处向上斜削一刀，刀口长0.8~1.0cm，深度达茎粗的2/3，最后将2种苗按刀口方向插靠在一起，用专用嫁接夹夹好后定植到苗床内即可。接穗应比砧木提前播种7~10d。

2.2.6.3 劈接法

劈接法最适应于茄子、番茄、辣椒等茄科类作物，嫁接成活率一般都在95%~98%。主要方法及技术要点是：当砧木长到5~6片真叶时进行嫁接，嫁接位置在第2片真叶上位处，先将砧木苗在第2片真叶上方切断，去掉顶端，用刀片从中间劈开，向下切入深1.0~1.5cm的切口，然后将接穗苗拔下，保留二叶一心，用刀片削成双面楔形，斜面长与砧木切口深相当，随即将接穗插入砧木的切口中，对齐后用专用圆形嫁接夹固定即完成嫁接。砧木与接穗的播种时间应根据品种特性确定，一般除托鲁巴姆要比接穗提前播种1个月以外，其他茄科类砧木比接穗提前播种7~10d即可。不论采用哪种方式，注意嫁接用具和苗子必须要洁净，动作要稳、准、快，嫁接后要及时遮阴，防止萎蔫。

2.3 病虫草害的生物防治

2.3.1 生物防治的概念及其重要性

生物防治是指利用活体生物或生物代谢产物制成的药剂来防治有害生物的技术。

我国农作物病虫害危害严重，作物发病后，通常喷施农药防治。化学农药因其高效、使用方便，备受农民青睐。然而，长期大量使用化学农药防治病害，会引起病原产生抗药性，造成病虫害再猖獗或新种群的出现，污染农作物产品及环境等一系列问题。据统计，随着化学农药的长期和大量使用，目前已有150多种病原、100多种杂草和500多种害虫对化学农药产生了抗性。

长期使用化学农药，容易造成环境污染与农药公害。喷洒农药防治病虫害时，对病虫害起到防治作用的农药仅占少数，其中大部分都挥发到大气中，或淋溶流失到土壤或水域中，或残留于作物中，造成环境污染。一些农药一旦进入食物链，就很难消除，例如残存于谷物、蔬菜、果品、畜牧品、水产品中。食用农药残留超标的农作物产品直接影响了人类健康。农药残留威胁着整个生态系统，对生物多样性产生影响。化学农药直接作用于病原菌体，干扰其生物氧化和生物合成，在杀死靶标生物病原菌的同时，或多或少都会对动植物以及非靶标生物产生影响，引起农药公害，对非靶标生物的直接危害，使病虫害防治更加复杂和困难。

生物防治是农作物病害综合治理的重要内容之一，属于一种无公害防治技术，在防治病害与提高农产品质量的同时，可有效地保护农业环境，有利于植物病害的可持续性控制，是绿色食品生产所需要的。目前生物防治已成为水稻、小麦、玉米、棉花、果树、蔬菜等作物病害综合防治中的一项重要技术措施。

2.3.2 天敌昆虫的利用

在自然界中，农林作物害虫有各自的天敌。害虫的天敌有各种各样的类群，其中，有很大部分的种类是与害虫同属于昆虫纲，称之为天敌昆虫。根据取食和生活习性，天敌昆虫主要分为两大类群，即寄生性天敌昆虫和捕食性天敌昆虫。此外，捕食性螨类虽然隶属蛛形纲，但为了方便，人们习惯上也将它们作为天敌昆虫的一个类群，进行研究和应用。

2.3.2.1 寄生性天敌昆虫

寄生性天敌昆虫是农林作物害虫重要的天敌类群，其一生中的一个时期或终生附着在寄生害虫的体内或体外，以寄生摄食寄主的营养物质来维持自身的生长发育，同时致使寄主害虫死亡。在自然界，寄生性天敌昆虫对害虫的种群发生和消长起着重要的抑制作用。国内常见寄生性天敌昆虫见表2-3。

表 2-3　国内常用寄生性天敌昆虫

名　称	防治对象	抗 药 性	人工繁殖情况
苹果棉蚜小蜂	苹果棉蚜	对大多数化学杀虫剂较为敏感	—
赤眼蜂	鳞翅目害虫	对甲基对硫磷和喹硫磷有明显耐药性	主要应用柞蚕、蓖麻蚕、松毛虫和米蛾的卵大量繁殖赤眼蜂；目前已实现人工卵繁殖
丽蚜小蜂	粉虱类害虫	常用农药在通常使用浓度下对丽蚜小蜂的安全性非常重要； 氯氰菊酯等四种拟除虫菊酯类杀虫剂、敌敌畏、啶虫脒、阿维菌素和矿物油，死亡率在 96.9%以上；马拉硫磷、毒死蜱和吡虫啉次之，死亡率在 34.1%~58.9%；几丁质合成抑制剂噻嗪酮和灭蝇胺，死亡率在 18.3%以下；抗蚜威的致死率仅为 1.5%，属安全杀虫剂	五室繁蜂法最成功
荔枝蝽平腹小蜂	荔枝蝽	—	多采用柞蚕卵作为人工繁殖的中间寄主
白蛾周氏啮小蜂	美国白蛾	—	可以寄生多种鳞翅目昆虫的蛹，人工繁殖主要采用柞蚕蛹和赤松毛虫蛹作为替代寄主
松突圆蚧花角蚜小蜂	松突圆蚧	溴氰菊酯、氰戊菊酯·马拉硫磷和松脂柴油乳化剂均可致花角蚜小蜂在 24h 内全部死亡；放蜂区施用灭幼脲 3 号对林间花角蚜小蜂种群基本没有影响，松脂柴油乳化剂对花角蚜小蜂种群有一定伤害，溴氰菊酯可引起花角蚜小蜂种群数量大幅度下降，氰戊菊酯·马拉硫磷对林间花角蚜小蜂种群可造成毁灭性破坏	室内人工繁殖技术尚在探索中

2.3.2.2　捕食性天敌昆虫

A　捕食性天敌昆虫

捕食性天敌昆虫是指专门以其他昆虫或动物为食物的昆虫。这类天敌直接蚕食虫体的一部分或全部；或者刺入害虫体内吸食害虫体液使其死亡。捕食性天敌昆虫类群虽然很多，但研究和利用较多的只有蜻蜓目、螳螂目、脉翅目等类群的天敌昆虫。此外，害虫的捕食性天敌除天敌昆虫外，还有一些动物类群也能捕食害虫。在生态系统中，它们常起着一定的自然控制作用。其中一些种类已作为害虫的天敌加以利用，并收到较好的效果。这些类群主要有节肢动物门中的蛛形纲（蜘蛛及捕食螨）和脊椎动物中的两栖类、益鸟、兽类及鱼类等，将一并介绍于后。国内常见捕食性天敌昆虫见表 2-4。

表 2-4 国内常用捕食性天敌昆虫

类群名称		防治对象
蜻蜓目		善飞昆虫如蛾、蝶、叶蝉、飞虱、蚜虫、黏虫、蝗虫等，其他玉米和蔬菜害虫
螳螂目		食蝇类、蛾类及其幼虫、蝗虫、半翅目昆虫等
捕食性半翅目	蝽科	鳞翅目与叶甲幼虫
	姬蝽科	叶蝉、蚜虫、粉虱、叶螨等害虫
	猎蝽科	蚜虫、烟青虫等各种昆虫和小动物
	长蝽科	蚜虫、盲蝽、粉虱、鳞翅目幼虫及卵
	花蝽科	蚜虫、木虱、粉虱、蓟马、螨类、盲蝽类的若虫与鳞翅目卵及初孵幼虫
	盲蝽科	蓟马、粉虱、蚜虫
脉翅目	粉蛉科	介壳虫、蚜虫、粉虱、叶螨等害虫
	褐蛉科	蚜虫、介壳虫、木虱、叶蝉和叶螨等害虫
	草蛉科	介壳虫、木虱、叶蝉、叶螨、蝶蛾类的幼虫及卵等
捕食性鞘翅目	虎甲科	各种昆虫
	步甲科	鳞翅目幼虫和蛹、地下害虫以及蚜虫等小型昆虫
	瓢甲科	蚜虫、介壳虫、粉虱、叶螨及其他节肢动物
	隐翅甲科	稻纵卷叶螟、三化螟等鳞翅目幼虫，飞虱、叶蝉等害虫
	方头甲科	盾蚧
捕食性双翅目	瘿蚊科	蚜虫、介壳虫、小蠹甲和螨类等小型昆虫
	食蚜蝇科	蚜虫、介壳虫、粉虱、叶蝉、蓟马、小型的鳞翅目幼虫等
	食虫虻科	各种昆虫，如蝗虫、蟋蟀、蝇类、蜂类、甲虫、蜻蜓等
	斑腹蝇科	幼期介壳虫和蚜虫
捕食性膜翅目		各种昆虫特别是鳞翅目幼虫或蝇类幼虫

B 捕食性螨类

捕食螨是指能捕食农业害螨和害虫的蜱螨。捕食螨的种类非常丰富，据报道约有 23 个科 90 余种螨类可捕食（寄生）其他害螨，其中以植绥螨科最为重要，长须螨科次之。植绥螨种类较多，分布广泛，目前已知有 800 余种，可捕食棉花、果树、豆类、茶叶、蔬菜等作物上的害螨。长须螨的种类能捕食叶螨、瘿螨及蚧类和粉虱的若虫，常见于果园及菜地。

目前，我国已报道有利用价值的捕食螨种类达22种之多，其应用范围和面积不断扩大。国内已报道有价值的主要捕食螨种类见表2-5。

表2-5 国内已报道有价值的主要捕食螨种类

种 类	防治对象	保护作物	报道地区
纽氏钝绥螨	柑橘全爪螨	柑橘	华东、华南
尼氏钝绥螨	柑橘全爪螨、柑橘始叶螨	柑橘	华东、华南、西南
江原钝绥螨	柑橘全爪螨、荔枝瘿螨	柑橘、荔枝	广东、广西、湖南、上海
东方钝绥螨	柑橘全爪螨、苹果全爪螨	柑橘、苹果	全国
长毛钝绥螨	神泽叶螨	蔬菜	中国台湾
拟长毛钝绥螨	二斑叶螨	蔬菜	全国
冲绳钝绥螨	柑橘全爪螨、蔬菜叶螨	柑橘、蔬菜	华东、华南
真桑钝绥螨	柑橘全爪螨	柑橘	广西
间泽钝绥螨	柑橘全爪螨	柑橘	广西
巴氏钝绥螨	叶螨、粉螨、蓟马	果园	江西、湖南、云南
智利小植绥螨	二斑叶螨	蔬菜	各地温室
西方盲走螨	叶螨	苹果	西北
伪钝绥螨	苹果全爪螨、二斑叶螨	苹果	华北、西北
胡瓜钝绥螨	蓟马、二班叶螨、柑橘全爪螨	蔬菜、果园	福建、广东
卵圆真绥螨	柑橘全爪螨、荔枝瘿螨	柑橘、荔枝	广东
具瘤长须螨	柑橘全爪螨	柑橘	四川、贵州
镰螯螨	柑橘锈瘿螨	柑橘	浙江
无视异绒螨	棉蚜	棉花	陕西
小枕异绒螨	棉蚜、叶螨	棉花	江苏
园果大赤螨	柑橘全爪螨、日本松干蚧	柑橘、松林	广东、四川、江苏
昌德里棘螨	跗线螨	水稻	福建
芬兰真绥螨	苹果全爪螨、山楂叶螨	苹果、山楂	甘肃

C　农田蜘蛛及其他捕食性动物

a　农田蜘蛛

农田蜘蛛是稻田、棉田和果园等农田害虫的重要捕食性天敌之一，对害虫有一定的自然控制作用。与农田其他天敌相比，蜘蛛具有以下特点：

(1) 蜘蛛的食谱更加广泛，而且食量大；蜘蛛对食物选择不严格，农田中所有农作物的害虫几乎均可被捕食，而且可捕食昆虫的多种虫态。

(2) 蜘蛛群落复杂，捕食方式多样，可以控制不同习性的害虫；在农田或果园内，既有穴居型的蜘蛛，又有地面游猎的蜘蛛，这些蜘蛛可以控制地下害虫，如地蛛科、狼蛛科等；还有结网和不结网的蜘蛛，如微蛛科、肖蛸科、逍遥蛛科等，结网的蜘蛛可以捕食半翅目、直翅目、鞘翅目等害虫的成虫，不结网的蜘蛛日夜游猎于植物的茎秆、叶片、果实上面，主要捕食各种害虫的卵和幼（若）虫。

（3）蜘蛛能够形成稳定的田间群落。由于蜘蛛无翅，迁移范围不大，一旦进入农田，就能在田间生长、发育和繁衍后代，形成较稳定的蜘蛛群落。只要条件适合，就能迅速扩大其种群数量。因此，蜘蛛在农田内的种群数量之多是任何一类天敌无法相比的。

农田内的蜘蛛是害虫的重要捕食性天敌。它不但种类多，而且种群数量大，只要采取切实可行的措施，创造有利于蜘蛛生长发育所需的必要条件，对现有的蜘蛛加以保护，在农田内维持一定的数量，就能充分发挥蜘蛛对害虫的自然控制作用。

保护越冬蛛源。蜘蛛在寒冷季节，大多匿居于背风向阳的田埂、沟旁土缝中，或土块空隙及草丛基部，落叶丛中，或在树皮与树干裂缝中过冬，因此，应根据其越冬习性，加以保护，在田埂、路边堆放草堆与土丘、树干基部扎草把等。创造蜘蛛越冬场所，增加来年蛛源。通常可以采取以下措施对农田蜘蛛进行保护利用：

（1）挖穴盖草，保蛛治虫。在冬播作物收割时可在田埂上挖穴，穴内放草或直接在田埂上堆草，可为蜘蛛制造隐蔽和暂时藏身的场所，挖穴盖草保护区比照区天敌可增加 12 倍。

（2）做好翻耕时蜘蛛的助迁。在我国南方稻区，苕子是重要的绿肥作物。苕子在翻耕时，最好采取上午灌水、下午翻耕的办法。这样在灌水后一段时间再翻耕，可以增加蜘蛛外迁的机会，可减少 10%～20%的损失。在苕子翻耕或早稻收割灌水后，要在苕子田、早稻田内插草把，蜘蛛可自动爬上草把，1～2d 后及时将草把移至早稻田或双季晚稻田内。

（3）注意农事操作。在旱作棉田中耕除草、灌水时，可采用隔行中耕、隔畦灌水，使蜘蛛在田间有回旋余地，减少机械杀伤。在稻田坚持“浅水勤灌”“开沟排水”“适时晒田”“干干湿湿”的原则，不但是防病的重要措施，对保护稻田蜘蛛亦有重要作用。早稻浅水田管理比深水田管理的总蛛量增加 70%～80%，双季晚稻田晒田后，田间蛛量可增加 20%～35%。

（4）种植诱集作物。在棉田行间或畦梁插种油菜、玉米、花生、高粱等，人工制造蜘蛛等天敌的栖息环境，不仅能诱集蜘蛛，且能招引瓢虫、捕食螨类，插种区较对照区蛛量可提高 41%～115%。南方地区在稻田种植黄豆、黄花等作物，不但可以充分利用地力，增加粮食产量，而且这些作物上的害虫既能作为蜘蛛的繁殖“代工厂”，又为蜘蛛等天敌提供了良好的越夏场所和早稻收割、翻耕时很好的隐蔽栖息地。

（5）加强蛛、虫测报。积极做好蛛、虫测报，是保护蜘蛛等天敌的一项重要措施。在实践中表现为做好“两查五定”，“两查”是查田间益害比和发育进度；“五定”是根据田间益虫和害虫数量及发育进度、作物状况、危害期的气候，定防治对象田、施药时间、施药种类、施药浓度和施药方法。

（6）安全合理巧施农药。农田大量施用化学农药，是导致农田蜘蛛种群数量减少的重要原因。因此，施用农药时应首先选用高效低毒对蜘蛛影响较小的农药，如选用30%三氯杀螨醇800倍液、40%乐果1500倍液、3%呋喃丹300倍液；其次，应放宽防治指标，充分发挥蜘蛛对害虫的控制作用。近年来，人们在充分考虑作物、害虫和天敌三者关系的基础上，放宽防治指标，收到了很好的治虫效果。如湖北省对褐飞虱的防治指标，稻谷打苞至齐穗阶段，百蔸混合虫量不超过1500头，乳熟至黄熟阶段，百蔸混合虫量不超过2500头，基本不需要用药防治，蜘蛛和其他天敌可以控制其危害。

b　食虫益鸟

益鸟是农林害虫的重要天敌，种类多、捕食量大。据资料记载，我国鸟类约1244种，其中主要以昆虫为食的鸟类占50%左右。常见的食虫益鸟有大山雀、大杜鹃、红脚隼、大斑啄木鸟、红尾伯劳等15科23种。

c　食虫两栖类

我国已知两栖类动物已超过250种，其中蟾蜍、雨蛙、蛙、树蛙等属的许多种类，都以各种害虫和其他有害动物为主要食物，是农田中重要天敌类群之一。我国一些省份已积累了较多的经验。中国台湾蔗农曾从大陆移植大蟾蜍防治甘蔗金龟子，收到良好效果。广东省封开等县采用稻田放蛙和安置黑灯光诱虫相结合的措施防治稻田害虫。一些地区还发布了禁止捕捉青蛙的通告，对青蛙保护亦收到一定的效果。常见的蛙类有黑斑蛙、中华大蟾蜍、泽蛙等。

d　治虫鱼类

鱼类治虫的主要对象，是双翅目蚊科，摇蚊科昆虫的幼虫和蛹，以及其他一些水生昆虫等。稻田养鱼还可以控制水稻害虫和杂草。传统的稻田养鱼鱼种主要是鲫鱼，随着养殖鱼类人工孵化的成功、家养新鱼种的推广，现在稻田放养鱼类已包括草鱼、鳙、鲢等，用于防治蚊虫的鱼类主要有西方食蚊鱼和东方食蚊鱼、歧尾斗鱼、圆尾斗鱼等。

2.3.2.3　捕食性天敌昆虫的引进与利用

从害虫和杂草等有害生物的原产地引进有效天敌防治有害生物，是传统生物防治的核心内容。这一方法具有成本低、效果持久、对环境安全等优点，对有害生物可以一劳永逸的理想控制效果。

天敌引进不能盲目，否则引进天敌的成功率不高。在天敌引进的工作中以下4个方面的问题应该注意：

（1）确定靶标害虫是本地种还是外来种。通常外来种生物防治成功的可能性很大，如果是本地种，用外来天敌防治成功的可能性就小了。

（2）选择天敌的搜集地点。选择天敌的搜集地点，应优先考虑地理上相隔的、有一段历史上独立发展的而气候条件又比较相似的原产地。一般来说，在这个地点引进的天敌能够定居的可能性较大。

（3）选择引进的天敌。引进的天敌应该是优良的天敌，即搜集区内对害虫控制作用较大的优势种。优良天敌多是寄主或捕食范围较窄（专一性较强）的种，大多数属于生活周期短、繁殖力强、对环境条件适应的可塑性较大、与寄主的生活习性相似和生活周期相吻合、寻找寄主或捕食对象的本能较强的种。

（4）引进天敌过程的检疫和繁殖培养。引进时要避免在引进材料中带来有害的重寄生物或其他有害生物。只有证实引进材料中没有重寄生物及其他有害生物时，才能移到养虫室进一步繁殖培养。

我国自国外引进的各类捕食性天敌（包括捕食性螨类、外来杂草天敌）已达100余种，表2-6为引进后取得长期控制害虫种群数量（消除或基本消除危害）。

表2-6　我国引进较为成功的捕食性天敌

天敌种类	天敌的原产地	害虫种类
澳洲瓢虫	美国、苏联	吹绵蚧
孟氏隐唇瓢虫	苏联	粉蚧
大唼蜡甲	比利时	红脂大小蠹
小黑瓢虫	英国	粉虱
胡瓜钝绥螨	英国	柑橘全爪螨、柑橘始叶螨、柑橘锈壁虱
红肩瓢虫	美国	吹绵蚧
黄色花椿	美国	谷蠹等仓库害虫
食蚜瘿蚊	加拿大	蚜虫
智利小植绥螨	瑞典、英国、澳大利亚	叶螨
西方盲走螨	美国、澳大利亚	二斑叶螨、山楂叶螨、李始叶螨
虚伪钝绥螨	美国	苹果全爪螨、山楂叶螨

2.3.2.4　捕食性天敌昆虫的人工繁殖与保护利用

大量繁殖与释放天敌昆虫是利用天敌的一种方法。通过大量繁殖与释放可以增加天敌的数量，特别是在害虫发生危害的前期，天敌的数量往往较少，不足以控制害虫的发展趋势，这时补充天敌的数量，常可收到较显著的防治效果。天敌的引进也同样要求解决大量繁殖技术。天敌引进后要求隔离饲养若干世代，避免引入重寄生及其他有害种类，同时获得足够的数量以供释放。

A 捕食性天敌昆虫大量繁殖的基本方法

捕食性天敌昆虫大量繁殖的基本方法如下：

(1) 利用天敌的自然寄主或猎物繁殖天敌。利用天敌的自然寄主或猎物繁殖天敌，是普遍应用的繁殖方法之一。例如，大量饲养龟纹瓢虫时，可以从田间采集各种植物上的蚜虫进行喂养。

(2) 利用替代寄主或猎物繁殖天敌。利用一些寄主或食性范围较广的天敌，可以选择容易大量饲养的替代寄主进行培养。用于防治叶螨的植绥螨或钝绥螨中，一些种同时以叶螨及花粉为食。这些种类可以用花粉作为食料大量繁殖。

(3) 利用半合成人工饲料培养寄主。目前，用作半合成人工饲料的重要成分主要有麦芽、豆芽、大豆浸出液、麦胚、谷胚、谷芽、酵母等。防腐剂则常采用尼泊金、山梨酸、苯甲酸钠、甲醛等。

(4) 利用半合成人工饲料培养天敌。对大多数天敌来说，直接应用半合成人工饲料进行培养还存在一定的困难。目前应用半合成人工饲料培养天敌，在草蛉和瓢虫天敌类群中取得了一些成果。

B 大量繁殖释放的主要捕食性天敌类群

我国各地大量繁殖和释放的捕食性天敌种类和防治对象见表 2-7。大量繁殖释放的捕食性天敌种类比较多，将主要种类列于表 2-7。

表 2-7 我国各地大量繁殖和释放的捕食性天敌种类和防治对象

天敌类群		主要防治对象	繁殖用的寄主或食料	启用地区
目	种类			
半翅目	叉角历蝽	多种鳞翅目害虫	大蜡螟幼虫、米蛾幼虫、人工饲料	华南
	刺兵蝽	鳞翅目、鞘翅目、膜翅目的无毛幼虫	大蜡螟幼虫、米蛾幼虫	河北
	东亚小花蝽	麦、玉米、棉、果树上的叶螨、蓟马、蚜虫	米蛾卵或成虫、蚜虫、叶螨、蓟马、花粉、人工饲料米蛾卵	华北
	南方小花蝽	鞘翅目、鳞翅目的仓库害虫	米蛾卵	北京、湖北、湖南

续表 2-7

天敌类群		主要防治对象	繁殖用的寄主或食料	启用地区
目	种类			
蜱螨类	钝绥螨	果、棉、蔬菜上的叶螨	植物花粉	华南、华东
	智利植绥螨	叶螨	豆类上的叶螨	四川、华北
	盲走螨	苹果、柑橘上的叶螨	豆类上的叶螨	北京、湖北、湖南
鞘翅目	孟氏隐唇瓢虫	粉蚧、绿棉蚧	粉蚧、人工饲料	广东
	七星瓢虫	蚜虫	蚜虫、蜜蜂雄蜂蛹	华北
	异色瓢虫	蚜虫	蚜虫、人工饲料	湖北、浙江
	龟纹瓢虫	蚜虫	蚜虫、人工饲料	湖北、湖南
	小锈扁谷盗	松、梨、桑树上的小蠹	湿而发霉的面	河北
双翅目	食蚜瘿蚊	蚜虫	蚕豆上的修尾蚜、甜椒上的桃蚜	北京、大庆
脉翅目	中华草岭	蚜虫、叶螨及鳞翅目害虫的卵	蚜虫、蜂儿、米蛾卵、麦蛾卵、人工饲料	陕西、河南、江苏

C 捕食性天敌昆虫的保护与招引

a 草蛉的保护与招引

草蛉的保护与招引，具体方法如下：

（1）合理使用化学农药。

1）放宽化学防治指标。旧的防治指标往往未考虑自然界天敌对害虫的控制作用，开展综合防治后，各种天敌得到一定的保护，通过放松防治指标，有效地提高了天敌的自然控制率。

2）使用选择性杀虫剂。在必须使用农药时，应选用对草蛉各虫态较安全的有效杀虫剂。同一药剂对草蛉各虫态的毒剂存在差异，如中华草蛉蛹和卵的抗药能力较强，幼虫次之，成虫抵抗能力最弱。此外，草蛉同一虫态对不同药剂的敏感性也存在差异，如幼虫对有机磷类敏感，对拟除虫菊酯类不敏感，似有天然抗性。有机磷类杀虫剂是一类对中华草蛉杀伤力远大于对防治靶标的负选择性农药，在释放草蛉时不可同时使用。

3）改变施药方式。如北方棉区用吡虫啉处理棉种，防治苗期蚜虫效果显著，残效期达 30~40d，若 5、6 月间继续发生蚜虫，可用噻虫嗪加羊毛脂涂茎防治，亦有利于保护草蛉。

（2）改善农田栖境。大田作物种类单调，也是导致农田草蛉种群凋零的原因之一。大田内外植物种类多样化，可形成草蛉喜爱的栖境和繁衍的良好环境，从而招引更多的草蛉入田。有的蛉种如大草蛉的成虫喜爱趋向高大植物栖息，在农田周围适当种些树木或在田间适当种些诱集作物，有助于招引其成虫。如湖北省广济县在棉田套种高粱和玉米，既诱集棉铃虫到高粱、玉米上产卵，减少了棉铃虫对棉花的危害，同时又因高粱和玉米植株比较高大，其上有适量蚜虫可招引草蛉进入棉田，田间草蛉的存量是未种植诱集作物棉田的2.23~2.272倍。

b　捕食螨的田间繁殖与保护利用

在生产实践中，单纯依靠人工繁殖、释放来控制害螨虽然有效，但费工多、成本高、释放面积有限。现在我国大部分采用田间种草、留草等保护和利用捕食螨的措施，收获更大。

(1) 改善作物生态环境。在利用纽氏钝绥螨防治柑橘全爪螨中，橘园种植藿香蓟进行覆盖，可明显改善橘园的小气候，使橘园在夏季的气温比地面裸露的温度低3~8℃，相对湿度提高5%。不仅有利于捕食螨等天敌生存繁衍，而且保护了橘树根系免受高温的不良影响，藿香蓟的花粉又可作为捕食螨食料，捕食螨也喜欢在藿香蓟茸毛上产卵，使整个果园捕食螨的种类和数量都大为增加。

改变以往将果园的草铲除精光的习惯，畦面留下以藿香蓟为主的多种杂草，既可调节果园小气候，也可为捕食螨提供多种花粉食料和栖息场所，使以捕食螨为主的各种天敌在果园中长期定居繁衍和扩散。

(2) 合理使用化学农药。选用对捕食螨等天敌杀伤力小的农药来防治其他病虫害，将全面喷药改变为查虫情挑治，既可减少对天敌的伤害，又可降低农药费用。如钝绥螨对三氯杀螨醇、亚胺硫磷、石硫合剂、西维因、胶体硫和硫菌灵等有较强的耐药性，机油乳剂对钝绥螨非常安全等。

2.3.3　昆虫病原微生物的利用

2.3.3.1　昆虫病原细菌的利用

昆虫病原细菌是指其代谢产物或菌体本身对宿主昆虫有致病或致死效应的细菌类群，通常也称为杀虫细菌。细菌杀虫剂还具有以下一些特点：

(1) 具有一定的特异性和选择性的杀虫作用，不杀伤天敌，对人、畜安全，不污染环境。

(2) 易于和其他生物学手段相结合来进行害虫综合治理，能维持生态平衡。

(3) 由于杀虫活性蛋白的多样性，昆虫产生抗性较缓慢或不易产生抗性。

(4) 可以通过发酵法生产，具有相对较低的生产成本。

(5) 可以通过生物技术途径筛选或构建优良性能的菌株来满足生产与应用所需等。由于具有以上特点，细菌杀虫剂自问世以来发展较快，全世界已商品化的微生物农药中细菌杀虫剂占其中的90%。

昆虫病原细菌杀虫剂自问世以来发展较快，在害虫防治中取得了很大成功，并已经逐渐应用于粮食、经济、果树、森林、蔬菜等作物害虫及仓库和卫生领域等害虫防治中。目前作为商品化生产并投入使用的主要是苏云金杆菌、球形芽孢杆菌、日本金龟子芽孢杆菌和缓死芽孢杆菌。

目前世界已生产的苏云金杆菌类制剂有100多个品种，产量占活体生物农药的90%，是近年来发展最快、应用最广的微生物杀虫剂。苏云金杆菌的杀虫范围有一定的广谱性，据统计，苏云金杆菌的各亚种对鳞翅、膜翅目、直翅目、双翅目、鞘翅目、等翅目中昆虫有不同程度的致病力和毒杀作用，其中仅鳞翅目昆虫就有570多种，对粉蝶科、菜蛾科、尺蠖蛾科、巢蛾科、天蛾科、卷叶蛾科、小卷叶蛾科、舟蛾科、灯蛾科、天蚕蛾科、弄蝶科、凤蝶科、蛱蝶科、刺蛾科、枯叶蛾科、麦蛾科、螟蛾科等多种害虫都有较高致病力，某些菌株的制剂对毒蛾科、夜蛾科等昆虫也有不同程度的致病力。

我国自20世纪50年代末开始先后引进苏云金杆菌的蜡螟亚种、苏云金亚种、以色列亚种和库斯塔克亚种等，并于1965年实现了工厂化生产。我国苏云金杆菌制剂的产量逐年增加，年产量达3万吨，在20多个省份用于防治粮、棉、果、蔬、林等作物上的20多种害虫，使用面积达300万公顷以上，防治有效的害虫已知有：稻苞虫、稻纵卷叶螟、玉米螟、棉铃虫、甘薯天蛾、棉灯蛾、烟青虫、苎麻蛱蝶、苹果巢蛾、苹卷叶蛾、天幕毛虫、柑橘凤蝶、菜青虫、菜蛾、松毛虫、杨舟蛾、油茶毒蛾等。

球形芽孢杆菌对蚊幼虫具高度毒杀力，且有较长的特效期，在污水中有较强的杀虫活性，并有可能在环境中再循环。

我国从20世纪80年代中期起就已广泛应用球形芽孢杆菌防治蚊幼虫，并取得了好的防治效果。球形芽孢杆菌杀蚊幼虫试验制剂已经在全国十几个省份进行了城市库蚊和疟疾媒介按蚊的防治，野外应用量10～30L/hm^2，48h内可杀灭90%以上的库蚊幼虫，增加剂量可以有效地杀灭按蚊和伊蚊，处理区成蚊密度下降86%以上，持效期为2～10周。

到目前为止，我国每年生产球形芽孢杆菌试验制剂150t左右，每年应用面积2000hm^2以上，使我国成为世界上球形芽孢杆菌生产量最大、应用面积最广、应用效果最佳的国家。

2.3.3.2 昆虫病原真菌的利用

昆虫病原真菌指那些在寄主正常生理条件下能直接侵入体内，快速繁殖引起寄主死亡的真菌类群。他们以消耗血淋巴中养分、分解寄主组织或产生有毒代谢产物而杀死昆虫。昆虫病原真菌是最早被发现引起昆虫疾病的微生物，也是最早提出用于害虫生物防治的微生物，由昆虫病原真菌引起的真菌病约占昆虫疾病的60%，因此，昆虫病原真菌是害虫综合治理（IPM）系统中一类十分重要的自然控制因子。

昆虫病原真菌杀虫剂是一类触杀性微生物杀虫剂。真菌制剂剂型是真菌生防潜能发挥的关键因子，迄今世界上已相继开发了以球孢白僵菌为代表的多种昆虫病原菌杀虫剂，主要包括孢子粉剂、悬乳剂、油剂、干菌丝及胶囊剂等。常见的真菌制剂种类和剂型有分生孢子制剂、菌丝制剂、芽生孢子制剂和其他剂型膏剂等，其中分生孢子制剂包括孢子油剂、孢子悬乳剂、孢子粉剂、可湿性孢子粉剂、颗粒剂、混配剂。

昆虫病原真菌是最早被用作微生物杀虫剂的昆虫病原体，19 世纪俄国利用金龟子绿僵菌防治害虫。至此许多昆虫病原真菌如球孢白僵菌、金龟子绿僵菌、粉虱壳孢、蜡蚧轮枝菌和玫烟色拟青霉等开始用于农业害虫、森林害虫、经济作物害虫及卫生害虫的防治，表 2-8 为常见昆虫病原真菌范围及其应用情况。

表 2-8　常见昆虫病原真菌杀虫剂及其应用

种　类		防　治　对　象
白僵菌	球孢白僵菌	蔬菜和棉花上的蚜虫、粉虱等刺吸式害虫；玉米螟；防治大豆食心虫、豆荚螟、甘薯小象甲及黑尾叶蝉、蚜虫、粉虱等刺吸式害虫；危害树木的天牛、木蠹蛾类等害虫；松毛虫；油茶小蛾、茶小绿叶蝉、茶小卷叶蛾、扁刺蛾、茶尺蠖等多种经济作物害虫
	布氏白僵菌（卵孢白僵菌）	暗黑鳃金龟、大黑鳃金龟、铜绿丽金龟和四纹丽金龟幼虫等地下害虫
绿僵菌		蝗虫；危害草坪的黏虫和灰翅贪夜蛾；白蚁、天牛、稻水象甲、蛴螬、棉铃虫、小菜蛾、菜青虫等害虫
蜡蚧轮枝菌		蚜虫、粉蚧和蚧壳虫；菊花小长管蚜、桃蚜、杏圆尾蚜、棉蚜、马铃薯长管蚜、莴笋长管蚜
拟青霉		玖烟色拟青霉（防治稻飞虱等水稻害虫、粉虱和蚜虫等蔬菜害虫、茶小绿叶蝉等茶树害虫、松毛虫和尺蠖等林业害虫）； 淡紫拟青霉（线虫、大豆胞囊线虫和烟草根结线虫）
虫霉菌		蚜虫、蝗虫等害虫

2.3.3.3　昆虫病毒的利用

昆虫病毒是指以昆虫为寄主，并在寄主种群中流行传播的一类病毒，是一类引起昆虫致病和死亡的专性病原微生物，在害虫生物防治中有着广阔的应用前景。昆虫病毒的种类繁多，至今发现的昆虫病毒已超过 1600 种，涉及 1100 多种。

在我国，已发现近200株昆虫杆状病毒，有20多种杆状病毒被研制成杀虫剂并先后进入大田应用试验和生产示范。其中应用面积较大的有棉铃虫NPV、油桐尺蠖NPV、茶毛虫NPV、斜纹夜蛾NPV、草原毛虫NPV、小菜粉蝶GV和小菜蛾GV等。我国已正式登记注册的昆虫病毒杀虫剂的品种有棉铃虫NPV、斜纹夜蛾NPV、甜菜夜蛾NPV、菜青虫GV、苜蓿银纹夜蛾NPV、马尾松毛虫CPV、茶尺蠖NPV、蟑螂浓核病毒等种类。

利用昆虫病毒防治原寄主害虫，一般都取得较好的效果。利用斜纹夜蛾NPV防治蔬菜、花生上的斜纹夜蛾，每公顷用量约 45×10^{10} PIB，7d后虫口下降89.4%，与化学防治相比，可节约60%的费用。

昆虫病毒杀虫剂具有化学杀虫剂所没有的优点，主要是：昆虫病毒对寄主的专一性强，不伤害天敌，对人、畜、其他脊椎动物和植物均无害，无残毒，不污染环境，害虫不产生抗性，不引起害虫二次爆发，可与其他生防剂（如Bt等）甚至许多化学防治剂兼容或协调使用，兼有垂直传播和水平传播，防效时间长，施用方便，生产投资少，以及可通过基因工程途径进行改良等。病毒杀虫剂是生物杀虫剂的重要组成部分，尤其对于一些难治的夜蛾科害虫，病毒杀虫剂似乎是不可替代的。事实上，应用杆状病毒杀虫剂，在长期控制、中期致弱和短期致死3个水平防治目标害虫的实践中，都有许多成功的范例。

2.3.3.4 昆虫病原线虫的利用

利用昆虫病原线虫防治害虫有以下优点：

（1）线虫的寄生范围广，可以利用线虫防治多种害虫。

（2）成本低，可以大规模生产。

（3）操作简单，用常规喷洒装置即可。

（4）线虫可以主动地寻找寄主，对土栖动物和隐蔽的钻蛀害虫效果好。

（5）线虫体内带有共生菌，具有高的杀虫能力，能在26~48h内杀死寄主昆虫。

（6）线虫对环境安全，可与一些杀虫剂混用。现在，昆虫病原线虫已被广泛应用于防治多种农林及牧草地下害虫和钻蛀性害虫，全球有40多个国家在研制昆虫病原线虫杀虫剂，已经商品化生产的线虫品系超过百种。

在田间试验中表现出具有良好杀虫效果的昆虫病原线虫品系，许多已经作为生物杀虫剂。实现了商业化生产和销售。我国陆续分离和筛选出一些优良的昆虫病原线虫品质，其中包括异小杆线虫 H. baceriophora H06、斯氏线虫 S. feltiae Beijing、S. feinernema CB22y 品系等。目前商品化生产的线虫株系已超过百种，被广泛应用于寄生于草坪、果树、蔬菜、花卉等植物的多种地下害虫和钻蛀性害虫的防治中。如桃小食心虫、甘蔗实背黑蔗龟、大黑鳃金龟、暗黑鳃龟及黄肩星天、木蠹蛾、多纹貂蠹蛾等，均取得了较好的防治效果。

环境中的气候因子、土壤因子和杀虫剂的施用等都影响到线虫的存活、发育、繁殖及其感染力。

太阳辐射对昆虫病原线虫有很强的杀伤力，在紫外线直接照射时，只需几分钟，线虫就会死亡。紫外线主要影响线虫对叶面害虫的防治，对应用于防治土壤及钻蛀性害虫的线虫影响不大。借助一些光保护剂（如4-氨基苯甲酸等）线虫抗辐射力能得到一定程度的增加。

昆虫病原线虫的生长、发育、侵染及繁殖均需要一定的温度、湿度条件。不同种类的线虫甚至同种线虫的不同品系在感染昆虫和生长繁殖过程中对温度和湿度的条件也不同。S. kraussei 的发育繁殖温度为 7~20℃，S. carpocapsae Agriotos 为 15~26℃。嗜高温线虫如 S. cubanum 在 35℃仍能存活和侵染害虫，常温线虫如 S. carpocapsae A24 在 30℃时基本停止活动，低温线虫 S. feltiae A54 在 18~20℃最活跃。

线虫不能忍受干燥，即使 90%以上的高湿度，露于空气中的线虫也很快会死亡。如将线虫喷洒于植物的暴露部分，线虫很快干燥，通常在施用后仅存活 15~60min。在施用线虫时应结合浇水提高环境的湿度。

土壤的质地及含水情况影响到线虫在土壤中的活动与分布。影响线虫在土壤中的活动因素有土壤质地和孔径。当土壤的颗粒间隙小于线虫体宽时，线虫的运动受阻；黏土含量越高，对线虫运动的限制就越大，因而对寄主的寄生不利。土壤的含水量是影响线虫运动、寻找寄主的另一因素。适宜的土壤含水量为 20%左右，在 10%~30%范围内均不受影线虫继续侵染寄主，但长时间浸水和干燥会使线虫死亡。线虫对土壤中 pH 值的变化不大敏感，大多数农田土壤 pH 值范围对线虫的感染力无显著影响。

在目前常用的化学杀虫剂中，昆虫病原线虫感染期幼虫除了对杀线虫剂比较敏感之外，对其他许多杀虫剂都具有较强的忍耐力，如乐果、乙酰甲胺磷、辛硫磷、溴氰菊酯等对斯氏线虫比较安全。但是，也有一些有机杀虫剂如氨基甲酸酯类对 S. carpocapsae 的发育、繁殖产生有害作用，其感染能力降低。因此，在利用线虫及杀虫剂进行有害综合防治时，必须协调使用，使其发挥更大的作用，尽可能选择一些对线虫毒性较小的杀虫剂或者线虫与杀虫剂的使用时间隔开，以达到综合防护害虫的目的。

2.3.3.5 昆虫病原原生动物的利用

原生动物是一大类多样的、异质的、能运动的单细胞真核微生物，许多都与昆虫有关，与其他昆虫病原微生物，如细菌、病毒、真菌等毒性高、致死快等特点不同，原生动物的寄主专化性并不十分强，有些种类有相当广的寄主范围，能够作为杀虫微生物加以发展。目前认为可作为微生物杀虫剂的原生动物有 12 种，其中已经注册并且实际开发应用的是蝗虫微孢子虫。

在应用蝗虫微袍子虫防治蝗虫时是将蝗虫微孢子虫引入害虫所在的生态系统中，引起原生动物的流行病，作为害虫种群的长期控制因素，以实现蝗害的可持续治理。我国于 20 世纪 80 年代中期引进该项技术，并且经过多年的研究与开发，实现了蝗虫微孢子虫大规模生产技术的突破，单产为美国的 2~3 倍，而且研制出适应不同生态条件的以应用蝗虫微孢子虫为主的蝗虫防治对策与技术体系。

目前蝗虫微孢子虫是唯一广泛应用使用并且登记用于防治害虫的原生生物。目前的蝗虫微孢子虫主要是加工成饵剂或水剂应用。饵剂的载体是麦麸，将蝗虫微孢子虫孢子稀释到一定浓度后均匀地喷施在麦麸上，阴干后用飞机或地面喷粉机喷施。蝗虫微孢子虫浓缩液按一定比例对水后即可制成水剂，可用于低量或超低量地面喷雾。

2.3.4 植物农药

植物农药是指利用对其他植物的病虫害有毒的植物或其有效成分制成的农药。除虫菊、鱼藤、烟草中所含的有效成分除虫菊素、鱼藤酮、烟碱等均是植物农药。这一类农药不仅对人、畜安全，而且不污染环境，因此这类农药是今后发展的重点之一。

我国地大物博，植物资源十分丰富，可以作为农药的植物种类也很多。

植物农药的广泛应用，将为我国农产品出口创造十分有利的条件，大大增强我国农产品出口的竞争力。越来越严格苛刻的残留限量标准，正成为国际间的食品、农产品贸易的“绿色壁垒”。我国传统农产品的出口，正在受到严重的威胁和挑战。从出口创汇产品看，我国的茶叶、蔬菜、水果、烟草等拳头产品，因为农药残留超标而减少了出口或者不能出口，使我国的农业经济发展受到了很大影响。如果使用植物农药代替合成化学农药，就可以为我国蔬菜、水果、烟草等农产品出口增加竞争力。

目前已经知道植物体内有杀虫活性成分约 3 万种，按其化学结构可分为以下几大类，它们都可以制成植物杀虫剂：

糖苷类	例如，皂荚素糖苷、巴豆糖苷等
苯酚类和醌类	例如，棉子酚、核桃叶醌等
生物碱类	例如，烟碱、雷公藤碱等
萜烯类	例如，百日青甾酮、牛膝甾酮等
香豆素类	例如，bergapten ，ieopimpinellin 等

木聚糖类　　　例如，β-细辛脑，异细辛脑等
多炔类　　　　例如，茵陈二炔等，以及其他类

目前常用的有烟草、鱼藤、松酯合剂、除虫菊、茶子饼、闹羊花、野蒿、蓖麻、桃叶、银杏、车前草、苦参、花椒、大葱、大蒜、辣椒等。

各地常用的一些杀虫剂的配制方法如下：

（1）除虫菊及除虫菊蚊香。采白花除虫菊，晒干磨成粉末，每 100g 加水约 19kg，过滤后加入少量中性粉拌匀后喷雾，可防治蚜虫、叶蝉、菜青虫、金花虫等。将除虫菊蚊香点燃后挂植株上，并用塑料薄膜密封 15min 左右，熏杀粉虱。

（2）鱼藤。常用 3% 鱼藤粉 50g，中性洗衣粉 26g，加水 16~26kg 配制。先用温水将洗衣粉化开，再将装在布袋内的鱼藤粉放入其中，然后充分揉搓布袋，再加足水到稀释倍数即可喷雾。可防治蚜虫、红蜘蛛、粉虱、叶蝉、军配虫、天蛾、银纹夜蛾以及其他毛虫类害虫等。

（3）茶籽饼。将茶籽饼磨碎用开水浸泡 1 昼夜，过滤后加水稀释 20~30 倍喷洒，可防治蚜虫及蜗牛、蛞蝓等；加水稀释约 100 倍液喷洒，对锈病有一定防治效果。

（4）野蒿。取鲜野蒿 450g 切碎，加水 45kg 煮或浸泡 7~8h，过滤后喷雾；可防治蚜虫、红蜘蛛、菜青虫、软体动物等。

（5）蓖麻。取蓖麻种子 450g 捣碎，加水 0.5kg 浸泡 3~4h，另加少量中性洗衣粉，再加水 36~50kg，边加水边搅拌，过滤后喷洒，可防治金龟子、蚜虫、叶蝉虫等。将蓖麻叶、秆晒干，碾成粉末施入土中，可防治蛴螬地下害虫。

（6）曼陀罗。取鲜草 450g 切碎，加水 4.5kg 煮 0.5h，可防治蚜虫蛛、黏虫，玉米螟等，对锈菌孢子也有一定的抑制作用。

（7）银杏。将银杏叶及树皮切碎晒干，碾成细末施入土中，可防治金针虫、蛴靖等叶片 450g 切碎，加水 1.5kg 浸泡 1.5h，反复揉搓后过滤喷洒，可防蚜虫等害虫。

（8）桃叶。取桃树叶片 450g 切碎，加水 25kg，煮 0.5h，过滤后喷洒，叶蝉、黏虫，尺蠖及其他软体动物。将桃叶切碎晒干，碾成细粉施入土中可防治蛴螬、蝼蛄等地下害虫。

（9）车前草。取鲜车前草（全株）500g 捣烂，加水 1kg 煮约半个小时，过滤后淋灌土面，可防治地下害虫。将车前草捣烂后加水 5 倍，浸泡 1 昼夜，过滤后喷洒，可防治金龟子，蝽象、蚜虫、红蜘蛛等害虫。

（10）苍耳。将苍耳茎切碎晒干，磨成细粉与有机肥料一起混合施入土中，可防治蛴螬、金针虫等地下害虫。

（11）苦参。取茎叶 450g，加水 4.5kg，煮 1h，过滤后喷洒，可防治蚜虫、夜蝉、菜青虫、烟青虫、舟蛾等，并能抑制锈均孢子萌发。

（12）金银花。将金银花茎、叶 450g 切碎，加水 1.5kg 煮沸，过滤后喷洒，

可防治地老虎、金针虫等。

（13）大葱。将葱的外皮、烂叶捣碎，加水10倍浸泡顾虑后喷雾，可防治蚜虫、软体害虫，并能抑制白粉病蔓延。

（14）大蒜。将大蒜捣烂，浸提汁液，加水9~26倍搅匀过过滤后喷洒，可防治蚜虫、红蜘蛛、介壳虫若虫和灰霉病、腐病等。

2.3.5 昆虫生长调节剂

昆虫生长调节剂是一类特异性杀虫剂，在使用时不直接杀死昆虫，而是在昆虫个体发育时期阻碍或干扰昆虫正常发育，使昆虫个体生活能力降低、死亡，进而使种群灭绝。

这类杀虫剂包括保幼激素、抗保幼激素、蜕皮激素和几丁质合成抑制剂等。常见的农药品种有除虫脲、灭幼脲、氟虫脲、米满等。

2.3.6 昆虫信息素

利用性信息素干扰害虫雌雄间的通讯联系，可使其个体失去寻找异性的定向能力，干扰交配，最终影响害虫的生殖，抑制其种群生长。

昆虫信息素是同种昆虫个体之间的求偶、觅食、栖息、产卵和自卫等过程中起通讯联络作用的化学信息物质。在农作物害虫防治方面，主要应用于种群监测、诱杀、驱避和干扰交配等方面。将蚜虫的报警信息素与一些农药混合，可提高对蚜虫的防治效果，因为蚜虫报警信息素可使蚜虫活动量增加，增加其与农药接触的机会；另外，报警信息素使有翅蚜比率下降，从而减少了迁移蚜的数量。

2.3.7 抑病土

在病害发生较严重的田块区域内，可能存在成片或零星的一些发病较轻或不发病的地块，其中的土壤可能具有一定的抑菌作用，这样的土壤称为抑病土，即病害发生程度自然降低的土壤。

抑病土具有以下几种特性：

（1）抑病土具有一定的抑菌作用。抑病土对不同病原微生物的抑制性不同，每一种抑病土都有其自身的抑菌范围。例如，在美国夏威夷岛，油棕苗疫病的抑病土可抑制瓜果腐霉，但不能抑制棕榈疫霉、辣椒疫霉。

（2）pH值对抑菌土的影响。调节土壤的pH值可使一些抑病土丧失其抑病性。例如，在台湾，P. capsici抑病土的pH值由4调整到5或6时，则失去抑病性；反之，导病土的pH值由5调整到4，并不会抑制P. capsici孢子囊发芽。

（3）土壤的营养物质。土壤的营养物质有时也可以影响土壤的抑病性。例如，台湾十字花科蔬菜根瘤菌抑病土与土壤钙含量密切相关。而$Ca(OH)_2$、

$Ca(NO_3)_2 \cdot H_2O$、$CaSO_4$、K_2HPO_4 则具有抑制镰孢菌厚垣孢子发芽和促进芽管瓦解的显著作用。

(4) 抑病性的可传递性。微生物因子引起的抑病性基本上具有可传递性。例如，油棕苗疫病的导病土中分别加入10%、25%、50%、75%的抑病土，病菌孢子萌发率随着加入抑病土量的增加而减少，将一部分抑病土和经高温处理的导病土混合后，就可以获得抑病作用。

2.3.7.1 抑病土的生物抑病作用

抑病土抑病机制是多方面的，既有生物因素，也有非生物因素，有的是两者共同作用的结果，同时也有作物本身所起的抑病作用。生物因素主要是微生物的作用，例如抗生、竞争、寄生和捕食。微生物所致的抑病土可分为普通型及专业化两种。普通型抑病土的土壤微生物具有与土传病害病原物竞争营养物质、竞争侵染点或定殖于病原物上的能力；专化性抑病土的土壤微生物则通过产生抗生素或其他抑菌物质发挥作用。

A 微生物种群间的营养竞争

可获得的营养总量以及微生物种群能利用的营养物质总量是决定营养竞争激烈程度的两个参数。土壤中微生物量的水平决定了营养竞争的程度，同时也决定了土壤对病原菌的敏感度。

B 细菌的拮抗作用

荧光假单胞菌能产生抑菌物质，从而保护植物免受伤害。小麦全蚀病的衰退，主要是因为荧光假单胞菌产生抗生素。这种抗生素是具有紫外吸收峰的化合物，在根围起保护作用，从而使植株免遭全蚀病菌危害。

C 真菌的拮抗作用

木霉菌已经被用于土传病害的生物防治，土传植物病原菌和木霉菌之间的拮抗作用是由于木霉菌产生一些溶菌酶类，如葡萄糖酶和几丁质酶，从而抑制了病害的发展。

D 放线菌的拮抗作用

放线菌在抑病土中也发挥了一定的作用。通过抗镰孢菌活性实验，初步发现游动放线菌、链霉菌粉红孢类群、孢囊链霉菌及鞘孢囊菌中有拮抗放线菌存在。

2.3.7.2 抑病土的利用

A 筛选抑病土

(1) 生物筛选法。生物筛选法是抑病土筛选的重要方法，以全蚀病抑病土为例，把标准的消毒土壤与待测田土以 10∶1 或 100∶1 的比例混合，然后加入全蚀病菌接种体，装盒后播种小麦种子，4 周后调查病害严重度，发现有病害衰退的土壤即为抑病土。

（2）孢子萌发法。在待测土中加入部分营养物质，然后在载玻片或培养皿中测定植物病原菌在待测土上的孢子萌发率。抑制土上的孢子萌发率为普通土壤的 50%以下。

B 改良土壤结构

土壤的一些非生物因素如土壤结构和土壤质地等影响着抑病土的抑病作用。因此，正确地补充一些有机物质、黏粒或合理地利用一些耕作技术提高土壤结构性，使土壤获得抑病性。例如，用发病率 90%以上的砂壤土（感病土），添加 2.67%的碳酸钙后再调 pH 值至 7.8 后，则与抑病土壤一样不发病。

C 转移土壤抑制作用

将一小部分抑病土和经高温处理的导病土混合后，就可以获得抑病作用。抑制作用也是有效的。泥炭土中加入 10%的抑病土，获得的抑病作用就与原来的抑病土相似，当抑病土的体积占总体积的 2%，甚至是 1%时，仍是有抑制作用。

为了防止利用自然存在的抑病土时，将其他病原菌再引入作物，一般需先根据抑病土的作用机制，对其进行一些物理作用或化学药剂处理，使其不含其他病原菌。

D 引进入拮抗菌

对于拮抗菌的利用，一般是分离出拮抗菌，然后将拮抗菌扩大繁殖，或直接输入土壤，或配成孢子悬浮液，或用来挂钟，从而达到利用拮抗菌防病的目的。

E 作物抗病品种连作

一些特殊的土壤由于内在的物理、化学和生物特性而对一些病害具有抑制作用，这种抑制作用可以通过连续种植特殊作物而获得。在棉花枯萎病病地种植抗枯萎病品种，不仅当年有明显的抑病增产效果，而且连年种植后，田间发病也相应减轻。在这些土壤中，由于单一种植特殊品种而形成了有利于拮抗菌生长的微生物环境，由于拮抗菌的大量生长、繁殖，从而抑制了病原菌的生长。

2.4 农药控制释放技术

2.4.1 控制释放技术及其分类

控制释放技术就是通过人工控制的方法将药物或其他生物活性物质和基材（通常为高分子材料）有机系统地结合在一起，使药物或其他活性物质在某种体系内维持一定的有效浓度，并在预定的时间内，以某一速率通过扩散等方式释放到环境中的技术。

控制释放体系较常规自由释放体系相比，有 8 个方面的显著优点：

（1）能够有效延长活性物质的释放时间，降低其释放速率，进而增强作用效果。

（2）控制释放体系可降低活性物质自身的挥发和降解等，从而减少了不必要的损失，有效提高其利用率。

（3）可以有效地减少活性物质的使用量和使用次数，从而降低对环境或生物体的污染和毒性。

（4）减少活性物质挥发、流失的可能性，延缓了农药的迁移和扩散，减轻了农药对环境的污染和对作物的药害。

（5）掩蔽活性物质的不良性质如刺激性气味等。

（6）控制释放体系能够提高活性物质的物化稳定性能，易于贮存和运输。

（7）活性物质与其敏感环境隔离，保护活性物质、扩大某些活性成分的应用范围。

（8）控制释放体系使活性成分在一定的时间内维持其有效浓度，提高作用性能。

在实际生产及应用过程中，控制释放系统根据活性物质与控释载体即基材是否发生化学反应，可分为物理法控制释放系统和化学法控制释放系统两类。

2.4.1.1 物理法控制释放系统

在物理法形成的缓控释系统中，活性物质通过物理方式（如分散、溶解或包埋等）与控释载体结合。该控释载体可以是有机化合物、无机化合物或者二者的混合物，它们的控制释放原理就是一定程度地阻碍活性物质的释放。在实际应用过程中，选择合适的控释载体和合适的释放形式是制备该种控制释放系统的关键所在。在该系统中一般要求控释载体应易加工成型、稳定性好、价格低廉、本身及降解物对环境无严重影响。根据活性物质在控释载体即基材中的存在方式的不同，物理法控制释放系统主要有凝胶型控制释放体系、均一型控制释放体系和贮藏型控制释放体系 3 种形式。

2.4.1.2 化学法控制释放系统

化学法控制释放系统是指活性物质与控释载体之间通过化学键相连的形式而形成的新的聚合物控制释放系统。化学法控制释放系统要求活性物质和控释载体二者都具有某些可反应基团，因此限制了其应用范围。根据其形成的方式不同，主要形式有 3 种：

（1）活性物质与控释载体间通过某化学键以直接或间接的方式相连。

（2）活性物质单体衍生物以相互聚合的方式形成的聚合物。

（3）活性物质单体之间直接聚合或者活性物质与其他单体共聚。

2.4.2 控制释放技术在农药中的应用

在农业生产过程中农药发挥着不可忽视的作用。我国农药工业起步较晚，目前市场上使用的传统剂型仍占据主要地位，常规型农药的利用率只有20%~30%，而实际生产中农药的理论需要量远小于其使用量，通过各种途径的损失率高达50%~60%，大量农药的不合理的使用不仅增加了农业生产成本，同时一些活性成分在使用过程中通过迁移和挥发等途径进入地表、地下水等领域，造成了严重的环境污染问题、长期残留和安全性问题。农药工业中控制释放技术的应用将是解决这些问题的有效途径。

根据农药与高分子材料的结合方式，农药的控制释放体系也可分为物理型缓控释剂和化学键合缓控释农药两大类。

2.4.2.1 物理型缓控释剂

A 微胶囊化农药

微胶囊是农药缓控释剂形式中最常见的一种制剂形式，其技术含量在目前农药制剂中是最高的一种。其基本原理就是将原药乳化分散成粒径为几个至几十个微米的微粒，然后通过相应的方法在原药微粒表面形成具有一定厚度和强度的聚合物膜，聚合物膜释放活性物质是通过渗透、扩散等方式，所以可以调节聚合物膜组成、厚度、强度和孔径等控制释放速度。微胶囊制剂因其壁材的包裹作用，使农药分解和损失大大降低，并显著地提高了其稳定性能；同时减少了有效成分的挥发、延长了活性物质的作用时间、提高了农药利用率、减少了施药量和施药频率、降低了高毒农药的危害。

农药微囊剂的释放速度与农药本身的理化性质、壁材的类型、制备工艺、释放环境等因素密切相关，可以根据农药种类来选取适当的壁材，通过优化制备工艺（例如反应温度、反应的时间、农药与胶囊壁材的比例等因素）进行控制和调节微胶囊的粒径及壁的厚度，以满足实际用药的要求。目前，国内已成功制备了氯氰菊酯、二甲戊灵、毒死蜱、氟虫腈等缓释微胶囊。

B 吸附性缓控释农药

吸附性制剂是指利用有机、无机或天然高分子载体的吸附性能将活性物质吸附于载体中而形成的贮存体。常见的吸附性载体有凹凸棒土、硅藻土、膨润土、沸石、氧化铝、离子交换树脂和合成粒状载体等。

含有机和无机阳离子的黏土及其改性后的产物，因其吸附能力强、稳定性好等特点可以作为吸附载体，能够制备化学稳定性好且持效时间长的缓释剂。对黏土进行了复合改性（如采用多羟基金属阳离子和有机季铵盐阳离子改性）可使黏土吸附能力大大增强，可以显著延长农药在土壤和水中的释放时间。有机改性后的黏土缓释载体中 2，4-滴在水中释放 50%有效成分所需时间为 1h，而经复合改性后的黏土缓释载体所需时间延长至约 74h。

为进一步扩大农药的应用载体，加强对农药释放过程的调控，还可以通过天然高分子与黏土或改性黏土复合等方式来制备控制释放载体，这样有利于发挥它们各自的结构优势和亲水特性及疏水特性。通过高分子与改性后的吸附性材料复合制备控制释放载体，水溶性高分子因其可以通过交联反应得到高容量的网络结构，为农药分子的吸附提供更大的空间，因此有效增加了载药量。同时复合载体上所含有的大量的疏水片段可与农药分子形成大量的范德华力结合，而羟基、羧基等基团作为质子提供者可与农药分子上的极性基团形成氢键等更强的结合，因此，复合载体对农药的控制释放效果显著，比单一黏土基载体更有优势，加强了对农药释放过程的调控能力。采用黏土和海藻酸盐复合的方式制备得到吡虫啉、异丙隆、环丙氨嗪等农药的复合型载体，由于黏土的吸附性能，复合载体对农药异丙隆的包载率高达 99%以上，同时显著延长了活性成分的释放时间，活性成分在释放介质中完全释放的时间由不到 3d 延长至 20d 以上。

C　均一混溶缓控释农药

在一定温度条件下，将原药均匀分散在熔融的高分子聚合物或弹性基质等其他基质中，将原药与基质均匀混合在一起，以形成分散体、固溶体或凝胶，然后根际实际需要加工成型，将其制备成高分子聚合物与农药的复合物，该复合物具有稳定性和均一性。常用的制备方法是熔融法，即通过加热处理的方法把农药与高分子聚合物或橡胶等基质混合加工成型的方法。选取乙基纤维素作为除草剂哒草伏（norflurazon）的控制载体，采用溶剂蒸发技术制备得到微球状颗粒制剂，其粒径在 0.1～1mm 之间，制剂的载药量为 5.6%～22.3%，包载效率为 42.8%～70.1%，可将释放 50%药物活性成分所需时间由原来的不足 1d 延长至 16d。

D　包合型缓控释农药

包合型缓控释农药是指原药分子通过不同分子间的相互作用，与其他化合物形成具有不同空间结构特征的新分子化合物。近年来，该包合技术成为制药领域的研究热点，其主要包括环糊精包合技术和尿素包合技术，此外还有一些其他分子包合材料，如冠醚、胆酸、环芳烃、瓜环。其中，应用相对较多是环糊精及其衍生物的包合技术。

环糊精及其衍生物能与农药形成包合物，对农药分子具有增溶、控制释放、提高稳定性等功能，可达到降低有机溶剂用量，提高农药利用率，减少农药污染的目的。以 β-环糊精为囊壁材料对 2，5-二苯乙炔噻吩（DPET）进行包埋，制备出的 DPET-β-环糊精微胶囊剂，能够阻碍 DPET 的光降解，使 DPET 在紫外光下的半衰期（11.08min）延长至 4.63h，并延长光活化农药 DPET 在田间应用时的持效期。

β-环糊精因其具有一个外亲水和内疏水的空腔结构，该结构能够与多种农药分子相适应形成稳定的超分子结构。形成的包合物不仅能对农药分子起到一定的保护，还能控制其释放速率。以联苯菊酯为模式药物，采用液相法可制备得到联苯菊酯-β-环糊精包合物，当联苯菊酯与β-环糊精的摩尔比为1∶1时可形成稳定的包合物，β-环糊精的空腔从其较大端包结了联苯菊酯的苯环端。该包结化合物是一种超分子结构，它通过疏水作用和分子间作用力相互作用形成的，不产生新的化学键。形成的包合物会改变被包物的理化性质，起到了保护和控制释放的作用。如降低挥发性、降低毒性、提高稳定性、增加溶解性、延长持效期等。

2.4.2.2 化学键合缓控释农药

化学型农药缓释剂是在农药本身化学结构不被破坏的前提下，通过农药自身的活性基团的缩聚或与高分子化合物之间以化学键结合而形成的农药剂型。根据农药与聚合物化学结合的方式不同，将化学型农药缓释剂分为4种类型：农药自身聚合或缩聚；农药与高分子化合物的直接结合；农药与高分子化合物通过交联剂间接结合；农药与无机或有机化合物反应，生成络合物或分子化合物。

A 农药自身聚合或缩聚

水防污剂砷酸钠在单独存在或有硫黄存在时，熔融脱水后生成无机酸酐，药剂的释放速度即为高分子末端的分解速度。当分枝数和末端数越多，聚合度越低，则药剂的释放速度就越大。有硫黄存在条件下生成的无机酸酐，在30d内仍然能保持防污效力。

B 农药与高分子化合物的直接结合

当高分子化合物中含有醛基、氨基、羟基、巯基、羧酸、磺酸、磷酸以及其酰胺、酰亚胺等基团时，原药能与其直接结合发生反应，形成了具有缓控释作用的高分子型农药。以高分子材料为载体，杀菌剂可与之反应生成高分子型化学杀菌剂。此杀菌剂本身并没有表现出杀菌的活性，但在使用环境下高分子型杀菌剂表现出杀菌活性，这与其在使用中发生了化学键断裂释放了足够量的多菌灵有关。单一杀菌剂的持效期为7~10d，而此高分子型化学杀菌剂的持效期延长至30~40d。

木质素是一种理想的天然农药缓释剂。木质素分子结构中有众多的活性基团，能通过简单的化学反应与农药分子产生化学结合；比表面积大，质轻，能与农药充分混合；有很好的吸收紫外线的性能，对光敏、氧敏的农药，能起到稳定的作用；本身无毒，能在土壤中缓慢降解，最终不会有污染物残留。利用木质素强极性的杀虫双农药（2-二甲胺基-1，3-双硫代硫酸钠基丙烷）制成的缓释农药，具有显著的长效功能，普通的颗粒杀虫双农药在施用20d后药效极微，而缓释农药在施用25d后药效依然没有降低。

C　农药与高分子化合物通过交联剂间接结合

当母体农药与高分子化合物不能直接相连时，可以通过某些化学性质较活泼的物质使母体农药分子和高分子发生反应。这种结合方式扩大了可用于制备化学型缓释剂的农药和高分子化合物的范围，使一些原本不能用于制备缓释剂型的原药和高分子化合物有希望制成化学型释剂或具有新的生化性能，从而提高其应用价值。能够同时连接二者起到桥梁作用的物质被称为交联剂。常用的起架桥作用的交联剂有 $POCl_3$、PCl_3、$COCl_2$、$SOCl_2$、$SiCl_4$、CS_2；一些聚合物如三聚氯氰、甲醛、甲苯二异腈酸酯、均苯四甲酸二酐、马来酸酐等也可以作为交联剂来使用。以丁二酸酐与苯乙烯-马来酸酐交替共聚物结合烯唑醇，可得到一种烯唑醇聚合物杀菌剂，其杀菌活性与烯唑醇原药相比前期基本一致，但后期聚合物的杀菌活性比烯唑醇要强，在处理后第 36 天时，同等剂量，聚合物杀菌剂的抑菌率为 81.48%，烯唑醇的抑菌率为 38.89%。烯唑醇缓释聚合物有更长的持效期。

D　农药与无机或有机化合物反应，生成络合物或分子化合物

农药与有机、无机化合物反应，生成分子化合物或络合物等物质，改变了原有农药的物理化学性质。例如，敌敌钙是液态的敌敌畏与氯化钙反应生成的固体物，具有一定熔点，稳定性、水溶性、持效性得以提高，毒性和气味大大降低，从而改善了原药性能，扩大了应用范围。

2.5　种植制度与耕作技术优化

2.5.1　种植制度优化

种植制度亦称栽培制度，是在当地自然条件、经济条件、生产条件下，根据作物的生态适应性确定一年或几年内所采用的作物种植体系，包括多熟制、作物的结构与布局、复种与休闲、种植方式（包括间作、套作、单作、混作）、种植顺序（轮作、连作）等。

种植制度不同，农药的施加量及水分管理方式也会不同，从而造成面源污染产生情况也不尽相同。采用间作、套种、轮作、休闲地上种绿肥等技术可提高植被覆盖度，提高土壤抗蚀性能，有利于病虫害的防治，减少农药的施加种类和用量，降低农药污染发生风险。如，对于棉花枯萎病的有效防治措施就是实行轮茬倒作，轮茬倒作不仅能够有效控制棉花枯萎病的发生，而且能够降低棉田并发症的出现概率，最大限度地提高种植产量；小麦丛矮病可以通过大面积的平作处理方式来进行有效控制，飞虱作为小麦丛矮病的重要传播载体，可以对不同种植条件的麦田产生危害，但采取平作处理方式将使麦田种植不存在任何空隙，对飞虱的飞行非常不利，进而有利于抑制小麦丛矮病的蔓延；将玉米和绿豆进行套作是治理玉米螟的非常有效手段之一，主要原因是绿豆的特殊气味能够吸引赤眼蜂，

进而大大增加对玉米螟卵块的寄生率，实现最佳的防治效果。

2.5.1.1　轮作

A　作物对连作的反应

合理的轮作可以增产，而不适当的连作不仅产量锐减而且品质下降。导致作物连作受害的基本原因有生物的、化学的、物理的三个方面：

（1）生物因素。土壤生物学方面造成的作物连作障碍主要是伴生性和寄生性杂草危害加重、某些专一性病虫害蔓延加剧以及土壤生物种群、土壤酶活性的变化等。

（2）化学原因。连作土壤化学性质发生改变而对作物生长不利，主要是营养物质的偏耗和有毒物质的积累。

（3）物理因素。某些作物连作或复种连作，会导致土壤物理性状显著恶化，不利于同种作物的继续生长。如南方在长期推行双季连作稻的情况下，因为土壤淹水时间长，加上年年水耕，土壤大孔隙显著少，容重增加，涌气不良，土壤次生潜育化明显，严重影响了连作稻的正常生长。

不同作物，不同品种，甚至是同一作物同一品种，在不同的气候、土壤及栽培条件下，对连作的反应是不同的。根据连作对作物的反应，可将作物分为三种类型：

（1）忌连作的作物。忌连作作物可分为两种耐连作程度略有差异的类型。一类以茄科的马铃薯、烟草、番茄，葫芦科的西瓜及亚麻、甜菜等为典型代表，它们对连作反应最为敏感。这类作物连作时，作物生长严重受阻，植株矮小，发育异常，减产严重，甚至绝收。其忌连作的主要原因是，一些特殊病害和根系物对作物有害。据研究，甜菜忌连作是根结线虫病所致。西瓜怕连作则被认为是根系分泌物——水杨酸抑制了西瓜根系的正常生长。这类作物需要间隔五六年以上方可再种。另一类以禾本科的陆稻，豆科的豌豆、大豆、蚕豆、菜豆，麻类的大麻、黄麻，菊科的向日葵，茄科的辣椒等作为代表，其对连作反应的敏感性仅次于上述极端类型。一旦连作，生长发育受到抑制，造成较大幅度的减产。这类作物的连作障碍多为病害所致。陆稻（水稻旱种）连作减产的主要原因是轮线虫及镰刀菌数量增加所致。这类作物宜间隔三四年再种植。

（2）耐短期连作作物。甘薯、紫云英、苕子等作物，对连作反应的敏感性属于中等类型，生产上常根据需要对这些作物实行短期连作。这类作物连作二三年受害较轻。

（3）耐连作作物。这类作物有水稻、甘蔗、玉米、麦类及棉花等作物。它们在采取适当的农业技术措施的前提下，耐连作程度较高。

B　主要轮作类型

a　北方地区的主要轮作类型

一年一熟轮作。我国东北、西北大乱地区及河北、山西、陕西的北部地区，气温冷凉，无霜期短，多采用一年一熟轮作方式，一般几年粮食作物，种一茬豆科作物或休闲来恢复地力。

旱田粮食作物轮作及粮经作物复种轮作。在生长期较长，水肥条件好的地区，实行两年三熟，一年两熟或三年四熟等形式；生育期不足的地区采用套作复种，并用间、套绿肥恢复能力等办法。

水旱轮作。分布在水利条件较好的水稻产区，一般是水稻连作3~5年换种几年旱作，有的是年内一旱一水的一年二熟。

绿肥轮作。一般采用短生长绿肥与农作物轮作。

b　南方地区主要复种轮作类型

稻田复种轮作。主要轮作方式有冬季作物轮换-夏秋季连年种水稻、冬季作物轮换-夏秋季水稻与早水晚旱轮换、寒季作物轮换-夏秋季水稻与全年旱作物轮换、冬季作物不轮换-夏秋季水稻旱田作物轮换等。

旱地复种轮作。南方地区，多数省份旱地占耕地面积比例较小，约40%~50%；西南各省，高原旱地占50%~70%。旱地复种轮作有三种模式：

（1）冬季作物轮换-夏秋季作物不轮换。

（2）冬季作物不轮换-夏秋季作物轮换。

（3）冬季连作轮换-夏秋季作物轮换。代表轮作方式有旱地粮粮多熟分带轮作、旱地多粮经多熟分带轮作、旱地粮饲菜（肥）多熟分带轮作等。

C　轮作在农业生产上的意义

a　减少病虫危害

抗病作物或非寄主作物与容易感染病害的作物实行定期轮作，可以消灭或减少病菌在土壤中的数量，从而减轻作物因病害所受的损失。种植抗病作物或非寄主作物时，病菌没有寄主而减少或死亡。水旱轮作，淹水能显著减轻旱田作物土壤病虫害感染，如油菜菌核病，在淹水条件下可使菌核在2~3个月内死去。轮作还可利用前作的根际微生物抑制某些危害后作的病菌，以减轻病害。如甜菜、胡萝卜、洋葱、大蒜等根分物可抑制马铃薯晚疫病的发生。轮作能改善土壤微生态环境，消除有毒物质。利用对病、虫害抗（耐）性不同的作物品种进行轮换，可减轻病虫危害。在一定范围内，将几个抗病性不同的品种搭配和轮换种植，可避免优势致病生理小种的形成，并造成作物群落在遗传上的异质性或多样性，能对病害流行起缓冲作用。

b　清除有毒物质

某些作物根系分泌物及作物残余物分解的有毒质能引起自身中毒，而对另一些作物又可能无害，甚至成为其能量、养料的来源。稻田长期淹水，土壤处于还原优势，往往产生H_2S等有物质，实行水旱轮作可以改变这一情况。轮作还可改善土壤微生物区系。据湖南农科院分析，水旱轮作土壤，有益的自生固氮菌、氨化细菌、硝化菌和纤维分解菌的数量均比连作田多，而有害的反硝化菌则明显减少。

c 减少田间杂草

危害作物的杂草，其生长季节、生态条件及生长发育习性，都与所伴生或寄生的作物相似，有时连形态也相似，不易根除。作物长期连作，生态变化很小，必然有利这些杂草的滋生，草害严重。实行轮作后，由于不同作物的生物学特性、耕作管理不同，能有效地消灭或抑制杂草。如大豆与甘薯轮换，菟丝子就因失寄主而被消灭。水田改成旱地后，适应水生的杂草如眼子菜、鸭舌草、野荸荠类等因得不到充足的水分而死亡，反之，旱田改成水田后，旱地杂草因淹水而死亡。

2.5.1.2 间作

间作即两种不同作物同时播种，间作的两种作物应具备生态群落相互协调、生长环境互补的特点，主要有：高秆作物与低秆作物、深根作物与浅根作物、早熟作物与晚熟作物、密生作物与疏生作物、喜光作物与喜阴作物、禾本科作物与豆科作物等不同作物的合理配置。根据作物的生理特性可分别采取行间间作和株间间作。套种即在同一地块内，前季作物生长的后期，在其行间或株间播种或移栽后季作物，两种作物收获时间不同，其作物配置的协调互补与间作相同。

农作物间作套种是一项时空利用技术，能充分利用季节、土地、气候等条件，提高复种指数，实现农作物一年多熟种植、高产高效。在农业生产上，根据农作物之间相生相克的原理进行巧妙搭配、合理种植可以有效减轻一方或双方病虫害发生的可能。不仅大大减少了化学农药的使用，降低了农产品的生产成本，促进了农产品增产、提质、增收，还保护了我们赖以生存的自然生态环境。

棉田间种玉米可诱集虫卵减轻棉苗受害。在棉田每隔 10m 穴播 1 行玉米（每亩 50、60 墩，每墩 2、3 株），可有效地改善棉田生态结构，诱集棉铃虫、玉米螟产卵，从而减少棉苗上的落卵量。

棉花或油菜间种大蒜可驱避害虫减少虫卵。大蒜挥发出来的杀菌素——大蒜素具有辛辣气味，可使为害棉花或油菜的蚜虫“退避三舍”。且棉花上二代棉铃虫的发生也明显减轻，其他害虫也会“闻风而逃”。据调查，间种田没用药物防治苗蚜，苗未卷叶；而同样条件的单作田防治苗蚜 2 次最好，高卷叶株率仍达 25%~28%；间种田二代棉铃虫百株仅有卵 12 粒，而单作田百株卵量都在 500 粒以上。

大豆或花生间种蓖麻可杀死害虫降低虫口。在大豆或花生地里、地边均匀地点种蓖麻，可使到豆田、花生田产卵的金龟甲取食蓖麻叶后中毒死亡，其效果不亚于施用化学农药。据试验，在花生地里每亩均匀地种植 350~400 株蓖麻，每株蓖麻平均可毒死4头金鱼甲，使虫口减少90%左右，花生虫果率降至5%以下，增产10%以上。

玉米间种南瓜或花生可有效减轻玉米螟害。南瓜花蜜能引诱玉米螟的寄生性天敌——黑卵蜂，通过黑卵蜂的寄生作用，可有效地减轻玉米螟的危害。另外，玉米间作花生也可使玉米螟的为害明显减轻。

玉米与辣（青）椒间作可减轻辣（青）椒病害。由于玉米的遮阴作用，辣椒日灼病和病毒病比单作田减少72%；玉米与青椒隔行种植，可使青椒病毒病减轻56.9%。

玉米间作白菜可减少白菜多种病害。玉米间作白菜田，由于田间气温比单作田降低0.5℃、地面温度降低2℃，可使白菜病毒病减少20%以上，白斑病减少18%。玉米间种黄瓜可减少黄瓜病毒病发生。在玉米行内种黄瓜，可使黄瓜花叶病减少61.6%。

大蒜间种白菜可明显减轻白菜软腐病，在大蒜行间栽白菜可使白菜软腐病减少62.5%。

马铃薯与大蒜间作可抑制马铃薯晚疫病发生。

2.5.1.3 果园生草

果园生草法是一项先进、实用、高效的土壤管理方法，在欧美、日本等国已实施多年，应用十分普遍，有利于果树病虫害的综合治理，减少农药的施用量。

果园生草增加了植被多样化，为天敌提供了丰富的食物、良好的栖息场所，克服了天敌与害虫在发生时间上的脱节现象，使昆虫种类的多样性、富集性及自控作用得到提高，在一定程度上也增加了果园生态系统对农药的耐受性，扩大了生态容量，果园生草后优势天敌东亚小花椿、中华草蛉及肉食性螨类等数量明显增加，天敌发生量大，种群稳定，果园土壤及果园空间富含寄生菌，制约着害虫的蔓延，形成果园相对较为持久的生态系统。

果园生草同时能促进果树生长发育，提高果实品质和产量。在果园生草栽培中，树体微系统与地表牧草微系统在物质循环，能量转化方面相互连接，生草直接影响果树生长发育。试验表明，生草栽培果树叶片中全N、全P、全K含量比清耕对照增加，树体营养的改善，生草后花芽比清耕对照可提高22.5%，单果重和一级果率增加，可溶性固体物和Vc含量明显提高，贮藏性增强，贮藏过程中病害减轻。

果园生草可提高土壤中有机质含量，减少水土流失，改善土壤结构，增进地力。果园生草并不是让果园杂草放任生长，而是要注意控草。

生草果园采取自然生草法，对草种没有选择性，如果几年不控草、不翻耕，会导致杂草发生严重。有的杂草长到几米高，与果树争光、争空间，“喧宾夺主”，造成果树埋没在杂草之中；同时争夺肥水的矛盾突出，造成果树缺氮严重，干旱季节果树缺水，加剧了旱害的发生；并使土壤板结，影响通气，导致根系上浮而造成浅根。此外，杂草生长旺盛季节，不仅给果园各项作业带来了不便，杂草客观上成为病虫的潜伏场所。

人工种草果园，应当控制草的长势，适时进行刈割（用镰刀或机械割草），以缓和春夏季草与果树争夺肥水矛盾，还可增加年内草的产量，提高土壤中有机质的含量。人工种草最初几个月不要割，当草根扎深、营养体显著增加后，才开始刈割。一般1年刈割2~4次，灌溉条件好的可多刈割1次。具体来说，豆科草要留茬15cm以上，禾本科留茬10cm左右；全园生草的，刈割下来的草就地撒开，也可开沟深埋，与土混合沤肥。

自然生草果园，一般采用灭生性除草剂，主要是克无踪（百草枯、对草快）、草甘膦（农达、杀草宝、农旺、春多多、飞达）等。针对两类除草剂的特点，果园控草可根据具体情况，正确选用除草剂。山地果园地势较高、坡度较大，为防水土流失，应选择克无踪除草。果园1年生杂草较多或阔叶杂草较多，也可选择克无踪除草；果园多年生杂草较多或禾本科杂草较多，可选择草甘膦除草；果园需要保留小草，保持果园小生态，可选用克无踪除草，以后有利于新草长出；果园需长期保持无草，则可使用草甘膦。具体使用方法：采取克无踪控草，用20%克无踪水剂200~250倍液喷施于杂草上；采取草甘膦除草，用10%草甘膦150~200倍液（加入0.2%洗衣粉作表面活性物质）50~80kg，选择相对湿度较高的阴天或晴天进行叶面喷布，喷药时要注意防止药液飘移到果树叶片上。

2.5.1.4　设施菜地增设填闲作物

填闲作物是用来改良土壤的作物。一块地不断的种植同一种作物或是一直连作以后，土壤出现连作障碍，给生产管理带来很多麻烦，同时降低了农产品的经济价值。所以根据不同的地区，在种植完主要的作物以后，会种植一些取到改良土壤的作物。如种植绿肥苜蓿，玉米，豆类等作物。种植的时间因地区而异，有的地区夏天气温高，不易作物的生长或者作物的经济价值不高，就会在夏天种植填闲作物。有的地区冬季温度很低，不适合作物的种植，就在冬季种植填闲作物。

夏季休闲是我国北方日光温室蔬菜种植体系中用来改良土壤环境的传统措施。传统的休闲在改良退化土壤中的作用非常有限。此外，在夏季休闲期日光温室常常进行揭膜晒地，而夏季又是我国北方的多雨季节，土壤养分随雨水下渗而污染地下水。取代传统休闲的方法之一是在夏季种植生长周期短、耐热的深根系作物，即夏季填闲作物，以阻控养分和农药流失。

2.5.2 耕作技术优化

针对旱地尤其是坡耕地，应采用保护性耕作的土壤养分流失控制技术，如免耕技术、等高耕作技术、沟垄耕作技术等，减少地表径流次数和径流量，降低农药流失。

2.5.2.1 免耕技术

免耕技术是少耕和免耕法的总称，尽量减少翻耕次数。这种方法对坡度较小的农田具有保持水土、改良土壤结构的功能，结合秸秆残茬覆盖效果更为明显。

2.5.2.2 等高耕作技术

等高耕作，亦称横坡耕作，是指在坡耕地上沿等高线进行犁耕和种植作物，形成等高沟垄和作物条垄，以拦蓄水分，减少地表径流和土壤冲刷，是保持水土、提高抗旱能力的保土耕作方法。等高耕作的目的是增强水分入渗与保蓄能力，调控径流及减少土壤冲蚀。沿等高线进行横坡耕作，在犁沟平行于等高线方向会形成许多“蓄水沟”，能有效地拦蓄地表径流，增加土壤水分入渗率，减少水土流失，有利于作物生长发育，提高单位面积产量。等高耕作种植技术适合于坡度在3°~15°以下的坡梁旱地，且土层厚度在1m左右，对于15°以上的坡地要退耕种草种树。

2.5.2.3 沟垄耕作技术

沟垄耕作，是指在坡耕地上沿等高线或在风蚀区垂直主风向开沟起垄并种植作物，具有蓄水、保土、防风功能的农业耕作方法。沟垄耕作实际上是在等高耕作基础上的一种耕作措施，即在坡面上沿等高线开犁，形成沟和垄，在沟内和垄上种植作物或者牧草，用以蓄水拦泥、保水、保土和增产。沟垄耕作是一种水土保持复合耕作法，有改变地形、拦蓄部分径流、相对增加土壤蓄水、提高水分利用率、减少土壤流失的作用。

沟垄耕作有利于作物通风透光，充分发挥边行优势，提高光能利用率，达到增产目的。沟垄耕作具有投资少、操作简便、易于推广、拦蓄水土效益显著等特点，是解决干旱低产地区缓坡地水土流失的一项主要措施。

由于华北地区春季干旱多风沙，夏季降水集中，这种方式可以使低洼地相对降低地下水位，有利于缓解华北地区水利设施不完善引起的供水不足等问题。

2.5.2.4 蓄水聚肥改土耕作技术

蓄水聚肥改土耕作技术又称抗旱丰产沟，把土壤分层组合成“种植沟”和

"生土垄"两部分。种植沟集中耕层肥土，集中施肥，底土做成垄，拦蓄径流和泥沙。

2.5.2.5 其他耕作技术

其他耕作技术包括深松耕法（以秋季深耕为主）、留茬覆盖耕作法、刨窝点播法等。深松耕法包括全面深松耕和间隔深松耕法。

全面深松耕，是用深松铲或凿形犁等松土农具疏松土壤，而不翻转土层的一种深耕方法。深度可达20cm以上，适于经长期耕翻后形成犁底层、耕层有黏土硬盘或白浆层或土层厚而耕层薄不宜深翻的土地。其作用有：

（1）打破犁底层、白浆层或黏土硬盘，加深耕层、熟化底土，利于作物根系深扎。

（2）不翻土层，后茬作物能充分利用原耕层的养分，保持微生物区系，减轻对下层兼气性微生物的抑制。

（3）蓄雨贮墒，减少地面径流。

（4）保留残茬，减轻风蚀、水蚀。

间隔深松耕，是耕松一部分耕层，另一部分保持原有状态，造成行间、行内虚实并存结构。其深松部分通气良好、接纳雨水，未松的部分紧实能提墒，利于根系生长增强作物抗逆性。

2.5.3 稻田养殖技术

2.5.3.1 免耕抛秧养鸭

免耕抛秧养鸭稻田中，由于鸭子的大量捕食，对稻田常见的白背飞虱、褐飞虱、黑尾叶蝉、灰飞虱为主的害虫群体的控制效果显著；对稻苞虫、钻心虫、水稻生长前期的稻纵卷叶螟有一定的防效。由于鸭子在田间的跑动与啄食，能使水稻基部的病叶被啄掉，对水稻的病害有一定的防效。

早稻田中每公顷养鸭225只，每小区用围网围住，并搭一个2m×1m的鸭棚，灌浆后期收回鸭子，田中不断水，不晒田，留一层薄水。早稻齐泥割低茬，稻谷收回后，立即将未喂食的鸭子赶下田，鸭子在水中来回活动觅食，将泥水搅成浑浊状，时间大约半天，立即抛秧。由于早稻田中养鸭，田中杂草数量很少，无须进行抛秧前的杂草处理，残留稻茬淹水处理后不影响晚稻生长。抛秧后待水稻植株返青成活，时间大约7d，即可以每公顷300只的密度放鸭下田。整个水稻生长期间不施任何农药和除草剂。鸭子每天傍晚喂食1次。在鸭子收回前，田面始终保持2~3cm的水层，以保证鸭子的正常活动。

免耕抛秧养鸭比免耕抛秧不养鸭平均每公顷增收粮食1227kg，比实际产量提高了24.8%；免耕抛秧养鸭与常规耕种相比，产量每公顷增加了141kg。免耕抛秧养鸭在不使用农药和除草剂，免去耕作，大大降低成本的同时，其产量也得到显著增加，经济效益显著。

在生态效益方面，由于免耕抛秧养鸭不使用农药和除草剂，有利于改善农田生态环境，而且生产了无污染的生态米和生态鸭，同时养鸭有利于改善土壤的理化性状，提高土壤的肥力水平，其生态效益显著。

2.5.3.2 稻田养殖螃蟹、鲫鱼、泥鳅等

在稻田中适宜养殖耐浅水、耐高温、性情温和、不易外逃而又食杂食或草食性的鱼、泥鳅等，不仅减少虫害和草害，还可以疏松土壤，提高水稻品质，实现双丰收。

河蟹在稻田里不仅不会破坏水稻的生长，还对稻田非常有益。平常的除草是使用除草剂或者人工拔草，这两种传统的方法不仅浪费人力和财力，除草效果还一般。河蟹是食草动物，将螃蟹放在稻田里，可以让螃蟹吃稻田里的草，达到生物除草的功能。河蟹除草还能起到为稻田松土的作用，同时河蟹的排泄物还是天然的生物肥料，对土壤有滋养作用。

A 养殖稻田的选择

养殖水稻田应该选地下水位高，土壤条件较好，有机质丰富的地块。为使稻田泥鳅、鲫鱼、螃蟹顺利养殖，稻田须成为一个脸盆的模式，田内低，田垄高、宽，利于储水，同时也防止鱼蟹跑出田外。

鲫鱼养殖稻田选择。修建深度为 80~120cm 鱼坑，面积占稻田面积的 5%~8%，并与鱼沟相通。在插秧前 10~15d 开挖鱼沟，沟宽 40~60cm，深 25~30cm，占稻田总面积的 4%~7%，呈“十”“井”“田”字等形状。田埂要高出田面 45~50cm，确保不会泄漏或塌陷。

泥鳅养殖稻田选择。筑高田埂，并在四周插上木板、石板，泥上 70cm、泥下 30cm，进排水口设置金属网防逃，同时，稻田内挖鱼沟及鱼溜，宽 30~40cm，深 50cm，鱼溜设在排水口附近，也可放在稻田中央，深 60cm，面积 4~6m^2，面积较大的稻田，鱼溜数量可以增加到 2~5 个。

螃蟹养殖稻田选择。主要有三个部分组成，即：环沟、田间沟、暂养池。环沟、田间沟、暂养池的设计应综合考虑，其面积不超过稻田总面积的 20%，一般为 10%~15%。

B 水稻品种和养殖品种的选择

为降低水稻病害的发生，避免农药的使用，引进和选用抗病品种非常重要，根据市场需求选择适销对路的品种，选择越光、秋田小町、新稻 11、13 等品质好、产量高、抗病性较强的品种。鲫鱼选择高背鲫，其生长速度快，适应能力高，能够在低营养条件下生存。泥鳅选择真泥鳅，体圆形，色淡灰白色，体为圆

柱形，尾部侧扁，口下位，呈马蹄形。其繁殖能力高，适应性强。螃蟹可以选择中华绒螯蟹，其属名贵淡水产品，味道鲜美，营养丰富，具有很高的经济价值。

C 养殖动物放养处理

鲫鱼、螃蟹和泥鳅放养可以选择在插秧前或者插秧后进行，以水稻栽插初次耕田后放养最为适宜。结合稻田面积以及生产能力，合理控制放养量。在放养之前应该对幼苗全面消毒。

鲫鱼和泥鳅放养处理。鲫鱼和泥鳅一般春耕后四个月内提前放养幼苗。每公斤幼苗应该达到150~200尾，每亩投放40kg，2万~3万尾幼苗。

螃蟹的放养处理。螃蟹的规格应该在每公顷120~160只左右，每亩投放螃蟹在50kg左右。

D 日常管理工作

a 养殖鲫鱼的日常管理工作

首先，做好防逃逸管理工作。经常检查拦鱼栅、田埂有无破坏。雨季要及时疏通进、排水口。雨水量过大，要设置防逃网，网高出田埂，底部埋水达15cm左右，网目视鱼体大小而定；其次，做好饵料管理。要取得高产，需要人工投饵。投饵量每天为鱼体重的3%~5%，青料每天为鱼体重的30%~40%；最后，鱼病防治。放养前，鱼坑、鱼沟和鱼种要彻底消毒。养殖过程中对食场消毒，药物预防。高温季节，每半月对鱼坑、鱼沟用生石灰20g/m^{3}泼洒1次，每月用晶体敌百虫0.5g/m^{3}泼洒1次。发生鱼病及时治疗，定期调节水质。

b 养殖泥鳅的日常管理工作

首先，做好日常管理与投食。鳅种放养后就开始投喂，泥鳅的食欲与水温有关，水温20℃以下，植物性饵料占70%，日投喂量为泥鳅总体重的3%，水温20~25℃，植物性饵料、动物性饵料各占一半，日投喂量为泥鳅总体重的10%，水温30℃以上要减少投喂或不投喂。其次，做好养殖泥鳅稻田管理。施用化肥、农药投放泥鳅的稻田应以基肥为主，追肥为辅。除插秧前施足基肥外，在水稻生长季节可每隔半个月追肥一次，每次每亩50kg有机肥或5kg尿素，尿素应与土混合后投放水稻根部，以提高肥效。

c 养殖螃蟹的日常管理工作

首先，做好日常管理与投食。投食自然状态下河蟹可摄食水中嫩草、螺蛳、小杂鱼等生物。投喂人工饲料。每天投喂量可占蟹重的5%~8%，在养蟹前期每天可投喂3~5次，后期2次即可，早晚各一次。其次，做好换水工作。养殖螃蟹的稻田中常常是水位比较浅，因此要经常换水，尤其是在夏季不至于因水温过高影响河蟹生长。最后，巡塘。每天坚持巡塘2~3次，白天着重检查河蟹的病害及水质情况，夜晚应注意检查河蟹摄食是否正常，在晚间应着重检查防逃设施是否破损、是否有敌害生物的入侵。

d 收获

首先，将稻田水抽干，使河蟹和鲫鱼集中在暂养池中捕捞。其次，泥鳅捕捞捕鱼前，可先在鱼溜中投饵诱食，然后缓缓排水，待水排尽后用手抄网在鱼溜中捕捞，然后再注水，再排水捕捞。如此反复 3 次左右可以捕到 95%以上的泥鳅。此外，九月中旬以后每到夜里河蟹便由水中爬向岸边，此时可手拿电筒在稻田埂边捡拾河蟹。

2.6 农村农药废弃物的管理

2.6.1 农村农药废弃物的分类和性质

农村农药废弃物包括以下三类:

（1）废弃农药。包括禁止使用但仍有库存的农药，超过保质期的农药，贮存过程中变质失效或减效的农药，标签脱落无法辨认的农药及伪劣农药。

（2）残剩农药。指农药空包装容器中残剩的或沾附在容器壁上的农药，施药器械中未喷净的剩余药液或药粉（粒），施药器械及其他配药用具的冲洗液。

（3）农药包装物（瓶、桶、袋）及被农药污染的外包装物或其他物品。

根据《国家危险废物名录》（2016 版），含有或沾染毒性、感染性危险废物的废弃包装物、容器、过滤吸附介质属于危险废物属于 HW49 类（其他废物）危险废物，使用过程中产生的失效、变质、不合格、淘汰、伪劣的农药产品属于 HW04 类（农药废物）危险废物。

当前，我国农村农药废弃物量大面广，基本未得到回收处理。部分农民在农药使用过程中，将喷洒剩余的药液或容器冲洗液随意倒入沟渠河道，或将农药包装瓶或包装袋随便丢弃在田间地头和沟渠河道，危害生态环境和公众健康。所以，我国急需加强农村农药废弃物回收处理的监督管理，防治农药废弃物污染。

2.6.2 农村农药废弃物管理的相关规定

农药废弃物对人体健康和生态环境具有较大的危害，随意丢弃可能会发生化学性污染和生态污染。例如农药施用过程中产生的废物可能会污染土壤，进而影响植物生长。尤其是一些特殊性质的农药，如氯丹等持久性有机污染物，在土壤中存留时间长，透过表层土壤可渗透如地下水系统，引起水质下降，引起鸟类、家畜中毒，对人畜生命安全均造成一定威胁。近年来我国政府对农药废弃物的管理非常重视，近期内对农药废弃物的管理出台了一系列的具体规定。

2016 年 5 月 28 日国务院印发的《土壤污染防治行动计划》第二条第 4 点提出“2017 年底前，出台农药包装废弃物回收处理部门规章”，第 5 点提出“2017 年底前，修订农药包装标准，增加防止农药包装废弃物污染土壤的要求”；第六条第19点提出“加强农药包装废弃物回收处理”，自2017年起，在江苏、山东、河南、海南等省份选择部分产粮（油）大县和蔬菜产业重点县开展试点；到2020年，推广到全国30%的产粮（油）大县和所有蔬菜产业重点县。推行农业清洁生产，开展农业废弃物资源化利用试点，形成一批可复制、可推广的农业面源污染防治技术模式；第九条第28点提出“各地要采取有效措施，研究制定扶持农药包装废弃物回收处理企业的激励政策。在农药、化肥等行业，开展环保领跑者制度试点”。

2016年8月11日农业部、发展改革委、财政部、住房城乡建设部、环境保护部、科技部印发的《关于推进农业废弃物资源化利用试点的方案》（农计发〔2016〕90号）规定，按照“谁购买谁交回、谁销售谁收集、谁生产谁处理”的原则，实施废弃农药包装物押金制度，探索基于市场机制的回收处理机制，对废弃农药包装物实施无害化处理和资源化利用。

2017年2月8日国务院修订通过的《农药管理条例》第三十五条规定，农药使用者应当保护环境，保护有益生物和珍稀物种，不得在饮用水水源保护区、河道内丢弃农药、农药包装物或者清洗施药器械；第三十七条规定，国家鼓励农药使用者妥善收集农药包装物等废弃物；农药生产企业、农药经营者应当回收农药废弃物，防止农药污染环境和农药中毒事故的发生；第四十六条规定，假农药、劣质农药和回收的农药废弃物等应当交由具有危险废物经营资质的单位集中处置，处置费用由相应的农药生产企业、农药经营者承担；农药生产企业、农药经营者不明确的，处置费用由所在地县级人民政府财政列支；第五十八条规定，不履行农药废弃物回收义务的农药经营者，由县级以上地方人民政府农业主管部门责令改正；拒不改正或者情节严重的，处2000元以上2万元以下罚款，并由发证机关吊销农药经营许可证；第六十条规定，在饮用水水源保护区、河道内丢弃农药、农药包装物或者清洗施药器械的农药使用者，由县级人民政府农业主管部门责令改正，农药使用者为农产品生产企业、食品和食用农产品仓储企业、专业化病虫害防治服务组织和从事农产品生产的农民专业合作社等单位的，处5万元以上10万元以下罚款，农药使用者为个人的，处1万元以下罚款；构成犯罪的，依法追究刑事责任。

2017年9月中共中央办公厅和国务院办公厅印发的《关于创新体制机制推进农业绿色发展的意见》（中办发〔2017〕56号）第四条第15点提出“完善废旧地膜和包装废弃物等回收处理制度。建立农药包装废弃物等回收和集中处理体系，落实使用者妥善收集、生产者和经营者回收处理的责任”。

2017年12月18日国家环境保护部办公厅和农业部办公厅组织公布的《农药包装废弃物回收处理管理办法（征求意见稿）》（以下简称《办法》），对农药包装废弃物的回收处理管理做了全面的规定。《办法》共三章21条。第一章《总则》共7条，主要包括立法目的、定义、适用范围、分类管理、部门职责、责任承担、宣传教育等内容。第二章《农药包装废弃物回收、贮存、运输和处置》共10条，主要包括回收处理体系建设、包装物要求、回收要求、贮存要求、运输要求、转移要求、处置要求、委托要求、回收处置费用、激励机制等内容。第三章《附则》共4条，主要包括农药废弃物管理、家庭卫生杀虫剂废弃物管理、地方管理办法、施行日期等内容。

2.6.3 典型的农药包装废弃物回收模式

按照三类主体的责任分工，农药包装废弃物回收的模式可以分为三类：第一类遵循污染者付费原则，主要由农户承担回收的责任，例如德国、澳大利亚、加拿大；第二类是遵循生产者责任延伸制度，主要由农药生产企业承担回收的责任，比利时、法国大抵沿用该模式；第三类是政府购买或提供全部或部分公共服务，由政府财政承担回收的主要责任。

上海市崇明区自2005年就开始在农药包装废弃物回收方面进行探索，目前上海市在农药包装废弃物回收管理方面已走在全国前列，其回收体系特点见表2-9。总体而言，上海的农药包装废弃物回收采取以上归纳的第三类模式，即政府财政承担回收的主要责任，不同区、县之间具体的实施方式又有所差异。

表2-9 上海各区县农药包装废弃物回收体系特点

地区	嘉定	崇明	奉贤	松江
激励机制	捆绑补贴农药，强制回收	按件激励	按重激励	按袋补贴
回收方式	农户交还	回收员上门	回收员上门	综合农药配送
每吨成本（含回收和处置）/元	17808	11360	14000	15500
主要问题	补贴目录外的农药包装废弃物回收不上来	存在夹塞现象	存在夹塞现象	没有“标准袋”，集中存放点管理粗放

2.6.3.1 捆绑农药补贴政策，强制回收

嘉定区自2010年开始实施农药包装废弃物回收工作，其关键措施是将农药包装废弃物回收与补贴农药挂钩。该区结合本区蔬菜和水稻种植的特征，每年更新补贴农药目录，目录内的农药农户只需自付20%的药价，补贴农药实行连锁经营和统一发放。农户每次购买补贴农药必须“四物齐全”，即身份证、IC卡（存储农户种植面积等基本信息）、田间档案（打药记录）、上次购买的农药包装。通过这种强制措施，基本实现补贴农药包装废弃物的全回收。据估算，补贴农药

占全区农药消耗量的一半左右。

回收的具体操作由各镇农业服务中心负责，结合蔬菜补贴农药连锁经营网点和水稻统供农药发放点，共设立 11 个回收网点，集中回收后交由有资质的危险废弃物处置公司焚烧处理。区财政补贴对网点回收工作以每吨农药包装废弃物 14223 元进行补贴，另外支付处置费用（包含运输）为每吨 3585 元（2012 年价格）。2010~2012 年三年间累计回收农药包装废弃物 126 余吨。

其主要问题有：对于不在补贴目录中的农药包装废弃物，尽管收集点接受，但是由于缺乏对农户的激励，回收效果不好。

2.6.3.2 利用供销网络，激励农民积极性

根据上海市对崇明“生态岛”的定位，崇明区自 2005 年开始实行农药包装废弃物回收探索。崇明主要利用供销社网络，在全县设立 27 个回收点。通常由村保洁员或河道管理员兼职担任农药包装废弃物回收员，回收员按照农药袋每个 0.025 元、农药瓶（包括玻璃和塑料）每个 0.05 元向村民回收，由其分类（塑料袋、塑料瓶、玻璃瓶）、整理、捆扎后以相同价格交至对应的集中回收点，年终区财政以其回收业绩的 40%支付其回收报酬。

根据核算，2012 年，每吨农药包装废弃物的回收费用为 8820 元，处置费用为 2540 元，回收资金包括按件直接支付给农户的费用、回收员补贴、网点补贴三部分。2012 年共回收废弃物 150.5t，包括瓶 313.31 万只，袋 1828.05 万个。

奉贤区自 2011 年开始在其所辖两个乡镇试点，2012 年在全区全面展开，其做法与崇明区类似，结合供销社和农资销售公司建立集中回收网点。与崇明按件计价不同的是，奉贤实行按重计价，农户交回农药包装可获得 3 元/公斤的报酬。区财政补贴回收费用为每吨 10000 元，处置费用为每吨 4000 元/吨。

崇明和奉贤的做法较好地鼓励了农户交回农药包装的积极性，但同时也带来了一些问题，由于每千克 3 元的价格甚至高于市场上普通废物（如报纸）的回收价格，有农民将非农药包装废弃物也夹在其中以获取补贴，造成财政资金的浪费。

2.6.3.3 政府提供基础设施

松江区自 2008 年开始实行农药包装废弃物回收，区内农业经营组织化程度较高，大部分为家庭农场或合作社，其对农药包装废弃物回收的主要做法是：由区财政出资建造 65 个专用的垃圾回收站（每个面积 $5m^2$），农资公司向农户配送农药时，农户自愿将包装废弃物装袋并交还，每袋可获得 10 元的补助，由配送车送至回收站，最后由专业处置公司拉走进行焚烧处置。每吨垃圾的回收费用为 13000 元，处置费用为 3500 元，由区财政按照处置公司的计量重量结算。

由于目前尚没有标准的垃圾袋，因此农户装袋具有随意性，另外垃圾回收站缺乏必要的安全措施，成为周边居民特别是儿童的安全隐患。

此外，各区县存在一些共性的问题，未来在全国范围实施农药包装废弃物回收制度应当尽量避免以下问题：

（1）对农药包装废弃物的清洗没有任何要求。国际上无论是发达国家（如德国、比利时、美国），还是发展中国家（如巴西），基本的要求都是农户在打药时将包装物清洗三遍以上才能交回，且清洗的水应倒入喷雾器与药液一起喷洒。这样才能保证交回的包装物具有一定的清洁性，否则就是将分散的污染变为集中的污染，不利于后期的处理和处置。

（2）回收过程除崇明区外，普遍缺乏对包装物的分类，塑料袋、瓶、玻璃混合一起，不利于后期处置。另外储存和运输过程中的安全措施尚不完善，容易造成局部农药残留量的富集，影响工作人员和周边居民健康。

（3）处置方式单一，目前全部为高炉焚烧。塑料制品焚烧产生二噁英是高度致癌物质，此外，包装物中农药残留集中焚烧可能对周边大气环境造成严重影响。

3 农药污染的治理

3.1 农药污染过程阻断技术

3.1.1 农田内部的拦截

农田内部的拦截，包括稻田生态田埂技术、生态拦截缓冲带技术、设施菜地增设填闲作物种植技术、果园生草技术等，其中，设施菜地增设填闲作物种植技术和果园生草技术在第 2.5 节中已有详细介绍，此处不再叙述。

3.1.1.1 生态田埂技术

A 技术概要

农田初期地表径流（即降水形成的农田地表径流的初期部分）污染物浓度高，是农业面源污染进入河道、湖泊等水体的重要来源之一，通过建设生态田埂可有效减少暴雨条件下因田间水漫溢而造成的流失。生态田埂一般布设在河道两侧、湖库周边的耕地地块，通过对原有偏矮、偏窄的田埂进行加高、加宽构建，并在田埂上栽植固土效果好、吸收能力强的植物，形成隔离带。田埂加高、加宽直接从两侧地块取土，田埂栽植的植物根据立地条件选择，如紫云英、白三叶和黑麦草等。生态田埂所采用的植物种类，尽可能与农业生产相结合，可用于生产各种绿肥、饲草、粮食和水产品等农产品，在发挥生态效益的同时兼顾经济效益。

农田地表径流是残留农药向水体迁移的重要途径。现有农田的田埂一般只有 20cm 左右，遇到较大的降雨时，很容易产生地表径流。将现有田埂加高 10~15cm，可有效防止 30~50mm 降雨时产生地表径流。在田埂的两侧可栽种植物，形成隔离带，在发生地表径流时可有效控制残留农药向水体迁移。太湖地区将田埂高度增加 8cm，稻季径流量降低了 73%。

生态田埂尽可能利用农田现有设施加以改造，基本不新增占地，方便实施推广。

B 案例

技术方案。选用具备主埂、支埂和毛埂的农田，以 3 种田埂为界，将农田围成面积 300m^2 以上的封闭区域，封闭区域长 60m 以上，宽 50m 以上，每个区域设有一个进水口和一个出水口（见图 3-1）。主埂宽度为 2~3m，为田园大区块的分界线，主埂两侧路肩为土路肩，路肩宽度大于30cm；支埂宽度为80~100cm，为田间输水通道的护埂，支埂的两侧路肩和支埂中心路面各占支埂宽度的1/3，在支埂两侧的路肩之间设有自然杂草生长区；毛埂宽度为40~60cm，为农田水肥防漏屏障，是不同农户地块的分界线和农田操作时的临时人行通道，毛埂不划分路面和路肩，两侧均与农田直接接触。主埂路面采用泥结碎石路面工艺铺设，以粗碎石做主骨料形成嵌锁作用，以黏土作填缝结合料，经过路面整平、摊铺碎石、预碾碎石、铺土、带土碾压、最终碾压，使主埂路面厚度为8~12cm，路面材料土的含量为30%~35%。

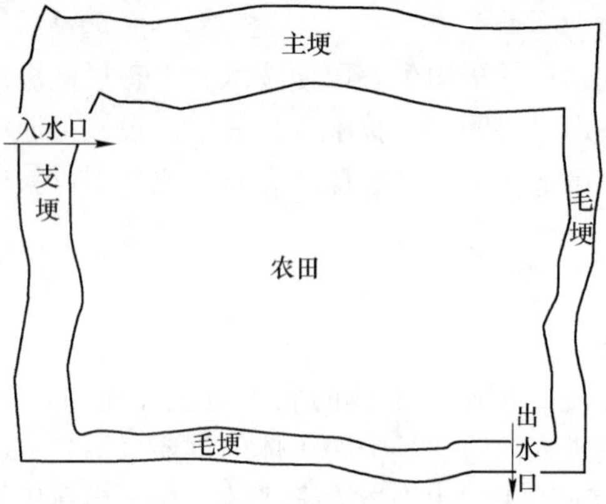

图3-1　农田生物田埂结构图

植物选择。主埂、支埂和毛埂的植物配置依据水旱轮作区和雨养旱作农田两类来进行配置，水旱轮作区的农田植物配置选择耐涝品种，雨养旱作区选择耐旱的植物品种；草本经济植物条带实行每季成熟后收获，然后再进行新一轮播种。氮磷富集植物、观赏景观植物选用多年生植物种类。主埂路肩条带上的乔木选用属于豆科的合欢、墨西哥柏、车桑子中的一种或几种；灌木选择印度木豆、灌木柳；草本选择对磷有富集作用的多年生黑麦草。支埂两侧路肩条带上的灌木选择印度木豆或灌木柳；草本经济作物在大春季种植大豆和豌豆，在小春季种植蚕豆或一次性种植多年生鱼腥草；草本氮磷富集作物选择多年生黑麦草或水蓼，草本观赏植物选择田埂报春或万寿菊。毛埂条带上草本经济作物大春季选择大豆，小春季选择蚕豆或豌豆；在水旱轮作区选择多年生水芹菜，草本氮磷富集植物选择黑麦草或水蓼。

效益分析。构建本田埂能够降低农田沟渠出水口10.2%的总氮和15.3%的总磷浓度；每年田埂植物能带走大量的氮、磷和农药残留物，降低了农田氮、磷和农药污染的风险；田埂植物根系的固土作用明显，阻挡农田水的外排，与原有田埂相比，减少11.4%的外排水，从而减少了随水流走的氮、磷和农药污染物；同时本田埂增加了农田的生物多样性，维持了农田的生态平衡，明显减少了农作物的病虫害发生。

3.1.1.2 生态拦截缓冲带技术

生态拦截缓冲带是利用植物减少农药进入地表水和地下水的一种可持续防控技术，其形式多样，有生物篱和农田边缘植物缓冲带等。植物缓冲带是目前最为常用且效果较好的一种植物防控农药流失技术。利用植物缓冲带技术防控农药流失，指在易发生农药流失的土地上种植覆盖度高、根系发达、固土能力强的植物，通过植物冠层对雨滴击溅的保护作用、植物根系对土壤的固持作用，以及植物茎秆对径流泥沙的拦截作用等途径减少农药流失。与坡改梯等工程措施相比，利用该技术防控农药流失具有成本低廉、操作简便、管理粗放、效果显著、持续时间长、可自我修复等优点。若在防治农药流失中使用具有经济价值的植物，则在发挥其水土保持功能的同时，还可产生一定的经济效益。在我国西北黄土高原区、西南岩溶区、西南紫色土区、东北黑土区、南方红壤区、北方土石山区等以坡耕地农业为主的地区，水土流失严重，生物篱是阻截控制农田面源污染物的重要措施之一。而在介于水体和高地之间的生态过渡区，建植植物缓冲带可有效拦截污染物进入受纳水体。

A 生物篱技术

生物篱技术是指在坡地的坡面上沿等高线或果园梯地的坡边（中上部）按一定间距种植耐旱、耐瘠、矮秆、根系较发达的多年生植物，使之形成梯状的拦护带，利用其根基固土保水。通过种植生物篱和生物覆盖等相关技术的配套应用，能有效减少水土流失和减少土壤水分蒸发，是目前提高坡地果园天然降水利用效率的一种农艺节水新技术。

经济植物篱的品种可以按以下标准选择：

（1）多年生植物，以草本、藤本、灌木为好。

（2）萌生力强，恢复性好。

（3）根系发达，有较高的叶茎比。

（4）抗逆力强，特别要求抗旱、耐瘠能力强。

（5）生物多样性与生态多样性良好。

（6）有较高的生态效益和一定的经济效益。

生物篱可以按以下方法营造：在旱坡地或果园梯面边坡上，根据不同的坡度、坡长、坡形、降雨量而设计种植生物篱，每两级等高梯地坡面营造一条（两行）、宽 1m 左右的生物篱带。生物篱品种最好选用有一定经济收入的植物品种，如桂牧一号、桑树、黄花菜、木豆、茶树、蓑草等。这些植物品种，既有经济利用价值，可增加农民收入，又能利用其发达的根系作固土护坡，防治水土流失。

种植规格，可根据生物篱品种特性，每条生物篱带种一至三行，株距20~25cm。

B 生态拦截带技术

a 技术概要

生态拦截带技术主要用于控制旱地系统氮磷养分、农药残留等向水体迁移。将旱地的沟渠集成生态型沟渠，同时在旱地的周边建一生态隔离带，由地表径流携带的泥沙、氮磷养分、农药等通过生态隔离带被阻截，将大部分泥沙，部分可溶性氮磷养分、农药等留在生态拦截带内，拦截带种植的植物可吸收径流中的氮磷养分，从而减少地表径流携带的氮磷等向水体迁移。

生态拦截带宽度应兼顾土地价值和污染拦截效率，拦截带植物应兼顾污染拦截效率和植物利用价值。生态拦截带拦截污染物效率与污染物形态、径流量、拦截带宽度、拦截带植物密度及其生长情况、坡度、土壤性质等有关。生态拦截带拦截效率是评价生态拦截带效果的重要参数。太湖宜兴蔬菜地周边生态拦截带对总氮、总磷拦截效率可达30%~90%，对水溶态磷酸盐拦截效率可达20%~90%，对可溶态硝态氮拦截效率可达10%~98%。用于建设拦截带的土地价值、运行费用等关系到生态拦截带可持续性，应考虑拦截带植物利用，如拦截带种植的植物可用于喂鱼或家禽。

b 案例

以生态学理论为依据，通过生态拦截带、菜地生态拦截沟构建、草后续利用及维护三项技术的集成，实现生态拦截控制菜地氮磷向水体迁移。

（1）技术方案。在河道、湖、池塘与蔬菜地之间，设置宽度为4~6m的生态拦截带，在拦截带内种植经济型牧草，不施肥。在毗邻的蔬菜地块之间设置用于灌溉和排水的生态拦截沟，沟的宽度与深度为20~30cm。沟渠底部和两边侧壁种植经济型牧草，配施叶面肥。根据当地实际情况和季节不同，选择适宜的经济型牧草，并根据牧草的需要施用专门配方的叶面肥。牧草可选苏丹草、黑麦草、狼尾草及黑麦草与苏丹草的组合。牧草就近供应渔业养殖的需要，牧草种植面积与其可支持的渔业养殖面积的比例约为1：（1~1.5）。

（2）效益分析。生态拦截草带能拦截径流氮42%~91%，其中对颗粒态氮拦截效率为46%~95%，对水溶态氮的拦截效率为20%~79%；生态拦截草带能拦截径流磷30%~92%，其中对颗粒态磷拦截效率为17%~95%。在生态拦截沟内种植苏丹草，每米能够拦截0.38mg总氮和0.12mg总磷。

3.1.2 污染物离开农田后的拦截阻断技术

离开农田后的拦截阻断技术，包括生态拦截沟渠技术、生态护岸边坡技术等。这类技术多通过对现有沟渠的生态改造和功能强化，或者额外建设生态工程，利用物理、化学和生物的联合作用对氮、磷和农药等主要污染物进行强化净化和深度处理，不仅能有效拦截、净化农田污染物，而且还可以将其滞留于田内和（或）沟渠中，实现污染物的减量化排放或最大化去除以及资源化利用。

3.1.2.1　生态拦截沟渠技术

A　技术概要

生态拦截沟渠有别于田间沟渠，田间沟渠是用于雨季田间排水，防止田间作物渍害的重要农田基本建设内容。如果沟渠过渡硬质化，虽然有利于排水，但对田间面源污染物拦截效率非常低，不利于农田面源污染防治。设计、建设兼顾排水和拦截农田面源污染物的生态沟渠具有重要意义。

生态沟渠用于收集农田径流、渗漏排水，一般位于田块间。生态沟渠通常由初沉池（水入口）、泥质或硬质生态沟框架和植物组成。初沉池位于农田排水出口与生态沟渠连接处，用于收集农田径流颗粒物。生态沟渠框架采用泥质还是硬质取决于当地土地价值、经济水平等因素。土地紧张、经济发达的地区建议采用水泥硬质框架，而土地不紧张、经济实力弱的地区可采用泥质框架。生态沟渠框架（沟底、沟板）用含孔穴的水泥硬质板建成，空穴用于植物（作物或草）种植。沟底、沟板种植的植物应能适应一定水深和流速，既能拦截农田径流污染物，也能吸收径流水、渗漏水中的氮磷养分，并能形成较为稳定群落。如眼子菜、香蒲、泽泻、慈姑、野芋、美人蕉、铜钱草、黑三棱、狐尾藻、灯芯草、茭白、菖蒲、蕉草、芦苇等。空穴密度，沟底及沟板植物种植密度、植物种类和植物生长，沟长度、宽带、深度和坡度，水流速度及水泥性质等影响生态沟渠对农田污染拦截效率。太湖宜兴稻区生态沟渠对氮磷拦截效率平均可达40%以上。昆明蔬菜种植区生态沟渠对氮、磷拦截效率可达35%和50%。

B　案例一

a　生态沟渠设计

生态沟渠建设密度应能满足农田排水要求和生态拦截需要，一般为每公顷农田100m生态沟渠，修建于农田四周与农田区外的河道之间。

工程设计。生态拦截型沟渠系统主要由工程部分和生物部分组成，工程部分主要包括渠体及生态拦截坝、节制闸等，生物部分主要包括沟底、沟两侧的植物。

渠体设计。渠体的断面为等腰梯形，上宽1.5m，底宽1.0m，深0.6m。沟壁、沟底均为土质（见图3-2）。

拦水节制闸坝设计。在生态沟渠的出水口用混凝土建造拦截坝，在拦截坝上建一个排水节制闸。排水节制闸的闸顶高程为0.45m，闸底高程设计为0.1m，闸孔净宽设计为0.4m，闸门采用直升式平面钢闸门。排水口底面离渠底20cm，根据需要可将拦截沟渠的水位分为20cm（旱作）、50cm（种植水稻及水生蔬菜）溢流2种状态（见图3-3）。

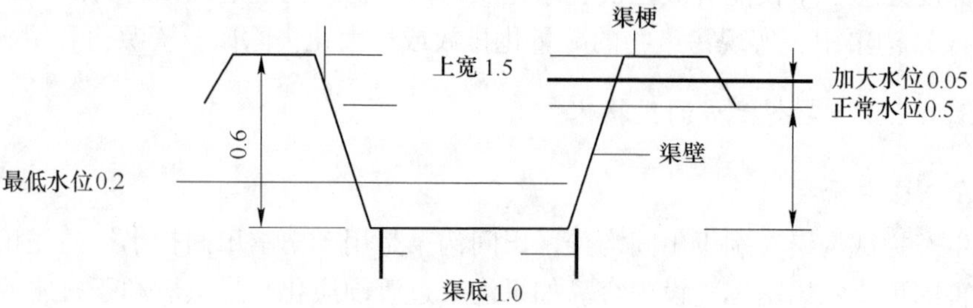

图 3-2　生态沟渠断面示意图（单位：m）

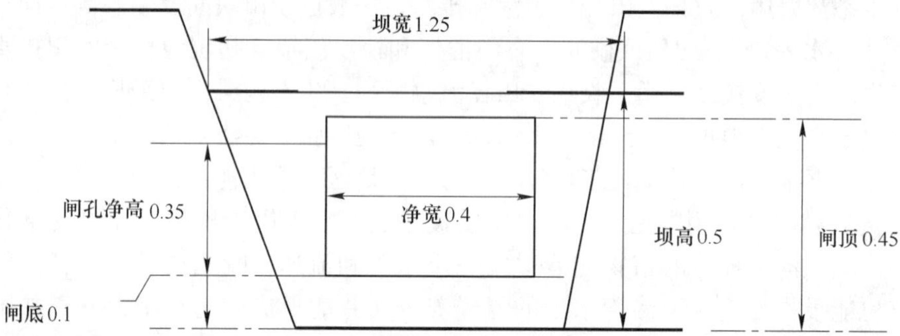

图 3-3　节制闸坝断面示意图（单位：m）

透水坝设计。透水坝是针对平原河网地区河网密集、水力坡降小的地形特点，以及农田面源污染的时空不均匀性，用砾石或碎石在河道中的适当位置人工垒筑坝体，利用坝前河道的容积贮存一次或多次降雨的径流，通过坝体的可控渗流来调节坝体的过流量，通过抬高上游水位为下游的处理单元提供“水头”。它既可以拦蓄径流，也具有一定的净化效果。

透水坝其剖面为梯形复式结构，坝坡的边坡系数为 1：（1~2. 5），用炉碴、碎砖等多孔材料建成与渠体断面相对称的渗漏型生态拦截坝，坝高 0. 4m，与渠埂持平，宽 0. 3m。透水坝分布在沟渠中，起址坝离拦水节制闸坝前 1m，以后每间隔 50m 设 1 座。

植物设计。植物是生态拦截沟渠的重要组成部分。选择对氮、磷、农药等污染物具有较强吸收能力，生长旺盛，具有一定的经济价值或易于处置利用，并可形成良好生态景观的植物。生态沟渠中的植物可由人工种植和自然演替形成，沟壁植物以自然演替为主，人工辅助种植如狗牙根（夏季）、黑麦草（冬季）等；夏季沟底种植空心菜和茭白等植物，冬季种植水芹等。也可全年在沟底种植菹草、马来眼子菜、金鱼藻等沉水植物。

b　生态沟渠构建

生态沟渠构建原则：因地制宜，等高开沟，保证水流平缓，延长滞留时间，提高拦截效果。

生态沟渠采用梯形断面、复式断面和植生型防渗砌块技术，系统主要由工程部分和植物部分组成。沟渠两侧沟壁和沟底均由蜂窝状水泥板组成，两侧沟壁具有一定坡度，沟体较深，沟体内相隔一定距离构建小型坝以减缓水速、延长水力停留时间，使流水携带的颗粒物、氮、磷和农药等得以沉淀和去除。夏季在沟壁孔中隔行种植多年生狗牙根植物，沟底种植空心菜；冬季在沟壁孔剩余行中种植黑麦草，在沟底种植水芹。

不同等高的生态沟渠之间通过节制闸连接。农田排水口与生态沟渠排水口距离 50m 以上。

c 效益分析

一般生态沟渠对农田排水总氮、总磷的平均去除率分别达到 50%和 40%。

C 案例二

技术方案。将原有的农田排水沟渠改造成横断面为梯形的沟渠，沟渠的两侧和底部上分布有多个由混凝土制成的长方形孔，在长方形孔中种植对氮、磷和农药具有较强吸收能力的植物。沟渠中相隔一定距离并呈 S 形状放置一定数量、内填对氮、磷和农药具有较强吸附能力的吸附材料（如炉渣）的过滤箱，同时在过滤箱中种植经济植物。为增加排水在沟渠中的滞留时间，在沟渠中分段设置一定数量的节制闸，并在节制闸底部设置一个控水阀。该农田径流污染生态拦截沟渠的总体结构如图 3-4 所示。

图 3-4 农田径流污染生态拦截沟渠的总体结构示意图

植物选择。选择对氮、磷、农药等污染物较强吸收能力、生长旺盛、具有一定的经济价值或易于处置利用，并可形成良好生态景观的植物。如在太湖地区，夏季在沟底种植空心菜、水稻或空心菜与水稻的组合，在沟壁上种植狗牙根、豆角或狗牙根与豆角的组合；冬季在沟底种植水芹，在沟壁上种植乌塌菜、黑麦草或乌塌菜与黑麦草的组合。

效益分析。本农田径流污染生态拦截沟渠，一是能有效拦截农田排水中的氮、磷和农药，氮、磷拦截率分别达 50%和 60%以上；二是能有效拦截农田排水中的悬浮物，拦截率达到95%以上；三是能充分利用原有农田排水沟渠，占用耕地面积少；四是工程造价与维护成本低、操作维护简单、便于大面积推广应用。

3.1.2.2 生态护岸边坡技术

生态护岸边坡技术，是综合工程力学、土壤学、生态学和植物学等学科基本知识对斜坡或边坡进行支护，形成由植物或工程和植物组成的综合护坡系统的护岸边坡技术。

根据不同河段的生态特征，包括河岸坡度、水文条件、土壤特性以及河段周围环境特征，可以采用3种生态护岸边坡技术：全系列生态护岸、土壤生物工程以及复合式生物稳定技术，实际工程中大多将这3种技术有机组合，形成多种植物生态护岸方案。

A 全系列生态护岸

全系列生态护岸技术是从坡脚至坡顶依次种植沉水植物、浮叶植物、挺水植物、湿生植物（乔、灌、草）等一系列护岸植物，形成多层次生态防护，兼顾生态功能和景观功能。挺水、浮叶以及沉水植物，能有效减缓波浪对坡岸水位变动区的侵蚀。坡面常水位以上种植耐湿性强、固土能力强的草本、灌木及乔木，共同构成完善的生态护岸系统，既能有效地控制土壤侵蚀，又能美化河岸景观。如在坡顶种植垂柳、水杉等本地的湿生乔木，株距为5m；常水位（2.6m标高）以上岸坡种植火棘、黄馨等耐湿性强的观赏灌木，地被铺设固坡效果好的结缕草；常水位附近种植根系较发达的野茭白、菖蒲、芦苇等本地挺水植物；向下种植芡实等浮叶植物和菹草等沉水植物。全系列生态护岸技术主要应用在那些出现表层土壤侵蚀、植被稀少、景观要求较高的河段。

B 土壤生物工程护岸

土壤生物工程是一种边坡生物防护工程技术，主要用于公路边坡、河道坡岸、海岸边坡等各类边坡的生态治理。土壤生物工程不同于普通的植草种树之类的边坡生物防护工程技术，它具有生物量大、结构稳定、养护要求低、生境恢复快、施工简单、费用低廉、近自然等特征。

土壤生物工程护岸技术使用大量的可以迅速生长新根的本地木本植物，最常用的是木本灌木和乔木，如柳、杨、山茱萸等。利用这些存活的植物体（主要是枝条）以“点、线、面”的种植方式对整个边坡进行生态修复。该类技术，在工程初期系统可能比较脆弱，但随着植物快速生长，整个土壤生物工程护岸系统将越来越牢固，其护岸功能逐渐从“覆盖坡面”的单一功能向“保护岸面”“稳固坡体”“改善生境”等多功能转变，一般适合运用在土壤侵蚀较严重、土质松散、景观要求较低的郊区河段。

a 活枝扦插

该技术运用在河岸侵蚀比较严重的坡岸。这类坡岸一般植被稀少，坡面存在一定程度的土壤侵蚀，水力学相对较小，没有高强度的冲刷作用。可以采用以下方案：常水位以上的坡岸扦插4~5排长度0.5m、直径2~4cm的活性垂柳枝，株距约0.5m；坡顶种植柳树，株距5m；坡面地被铺设结缕草。常水位上方10cm处种植一排柴笼，其下方种植野茭白、菖蒲等挺水植物，有效控制淘蚀作用。

活枝扦插长出的根系和枝叶，可以改善土壤结构，有效控制坡岸水土流失。利用活枝扦插作为建群种，可以快速恢复河道坡岸的植被，改善坡岸生境，为其他本地植物的恢复提供良好条件；与全系列生态护岸相结合，构成完整的近自然的坡岸植被缓冲带。

b 柴笼

柴笼护岸技术主要应用在坡度较大、河水流速大、坡面侵蚀较严重、植被稀少的坡岸。通过整坡工程减缓坡度以增加坡岸稳定性，利用柴笼控制坡面土壤侵蚀的优势，减少常水位以上坡岸的水土流失。可以采用以下方案：常水位以上的坡岸种植3排杞柳枝柴笼，排距0.8~1.0m。坡顶种植柳树，地被铺设结缕草；常水位以下依次种植菖蒲、野茭白等根系发达的挺水植物，以及苦草、菹草等沉水植物。

柴笼结合全系列生态护岸，共同构建良好的植被缓冲带，为其他本底植物生长创造良好生境，同时利用挺水植物控制常水位附近的坡岸侵蚀。

c 灌丛垫

灌丛垫技术属于高密度、高强度的植物防护体系，主要用来保护那些土壤团粒结构差、抗侵蚀能力低、植被比较稀少、受坡面径流影响较大的坡岸。可以采用以下方案：从常水位至坡顶的坡面上均匀铺植杞柳枝柴笼，单株枝条长1~2m，枝条铺植厚度控制在10~15cm，每隔1m压入较粗的枝条或木楔；坡顶种植夹竹桃、柳树等湿生乔木。常水位附近安置一些抛石，并种植菖蒲、野茭白等根系发达的挺水植物，株距30~50cm，向下种植苦草、菹草等沉水植物。灌丛垫新长出的密集枝条大大减少了雨水和地表径流的冲刷作用，而新长出的根形成庞大的地下根系网络，除改善土壤的团粒结构外，也加强了土壤剪切力和紧实度。根系发达的挺水植物可有效控制常水位附近的淘蚀作用。

C 复合式生物稳定技术

复合式生物稳定技术是生物工程护岸技术与传统工程技术相结合的复合式生态护岸技术。这种生态护岸技术强调活性植物与工程措施相结合，采用水泥桩浆砌石块的传统护岸技术，以达到在复杂地质条件下的固坡作用，附以活枝柴笼捆插和活枝扦插土壤生物工程技术，如采用杞柳层插与土工布、石笼等传统工程结构相结合的方案。其技术核心是植生基质材料，依靠锚杆、植生基质、复合材料网和植被的共同作用，达到对坡面进行修复和防护的目的。该技术适用于水力学或河岸侵蚀比较突出的坡岸，比如易坍塌的陡坡或侵蚀严重的坡岸。

3.2 农药污染的生态修复技术

农药污染物离开农田、沟渠后的汇流被收集，再采用生态修复技术（如前置库技术、生态塘技术、人工湿地技术等）进行末端强化净化与资源化处理，通过对现有塘池的生态改造和功能强化，或者额外建设生态工程，利用物理、化学和生物的联合作用对农药进行强化净化和深度处理，不仅能有效拦截、净化种植区农药污染物，还能滞留种植区农药污染，回田再利用，实现种植区农药污染物减量化排放或最大化去除。

3.2.1 前置库技术

3.2.1.1 前置库净化污染物的原理

前置库净化面源污染的原理，包括沉淀、自然降解、微生物降解、水生植物吸收等。

A 沉淀

水体中的悬浮颗粒，都因重力和浮力两种力的作用而发生运动，重力大于浮力时，颗粒下沉。在创造一定沉淀空间和水力条件下，水体中固体颗粒污染物可较好的沉淀于某一主要区域。因此，合理的水力停留时间和池深是前置库设计的关键参数。前置库夏天滞水时间一般为2d，春秋天为4~8d，冬天为20d。

B 自然降解

水中的部分污染物，在特定光照和水温等作用下，少部分可自行降解。一部分可通过气态的形式，散失到大气中，如氮氧化物形成氮气外溢。

C 水生生物吸收

可根据水深，依次栽培挺水植物、沉水浮叶植物、沉水植物和漂浮植物，并在前置库中建立人工浮岛。这些植物在生长繁殖中，能吸收大量的N、P等污染物并加以转化和利用。同时，其庞大的根系可吸附颗粒固体污染物后，成为微生物活动频繁的场所，对颗粒污染物可进行降解和利用，最终达到净化水质的作用。在水环境中创造“植物浮岛”，岛上的植物可供鸟类等休息和筑巢，下部植物根形成鱼类和水生昆虫等生息环境，同时能吸收引起富营养化的氮和磷。改变前置库内的生物组成，如以生长快的硅藻替代生长慢的兰绿藻和浮游动物，调整鱼类群落结构减少滤食性动物数量，也可以增强前置库对农药有机物质的去除能力。

D 微生物降解

前置库的底层存活着种类多样、数量庞大的微生物，可以通过微生物的生命活动和新陈代谢等，对水体中的污染物进行分解、吸收、利用。一部分污染物分解出气态物质可散发到空气中，如氧化的最终产物 CO_2。前置库去除污染物的能力与光照密切相关，因此水深就成了前置库设计的一个重要参数。适宜的水深能够使悬浮物得以充分沉淀，浮游植物和光合作用均较强烈，污染物的去除达到最大限度。

3.2.1.2 前置库的特点及构成

前置库技术因其费用较低、适合多种条件等特点，是目前防治面源污染的有效措施之一。前置库技术通过调节来水在前置库区的滞留时间，使径流污水中的泥沙和吸附在泥沙上的污染物质在前置库沉降；利用前置库内的生态系统，吸收去除水体和底泥中的污染物。

前置库通常由沉降带、强化净化系统、导流与回用系统 3 个部分组成（见图 3-5）。沉降带可利用现有的沟渠，加以适当改造，并种植水生植物，对引入处理系统的地表径流中的污染颗粒物、泥沙等进行拦截、沉淀处理。强化净化系统分为浅水净化区和深水净化区，其中浅水生态净化区类似于砾石床的人工湿地生态处理系统。首先沉降带出水以潜流方式进入砾石和植物根系组成的具有渗水能力的基质层，污染物质在过滤、沉淀、吸附等物理作用，微生物的生物降解作用、硝化反硝化作用以及植物吸收等多种形式的净化作用下被高效降解；再进入挺水植物区域，进一步吸收氮磷等物质，对入库径流进行深度处理；深水强化净化区利用具有高效净化作用的易沉藻类、具有固定化脱氮除磷微生物的漂浮床、以及其他高效人工强化净化技术进一步去除农药污染物等，库区可结合污染物净化进行适度水产养殖。为防止前置库系统暴溢，可设置导流系统，20min 后的后期雨水可通过导流系统排出库区。经前置库系统处理后的地表径流，也可以通过回用系统回用于农田灌溉。

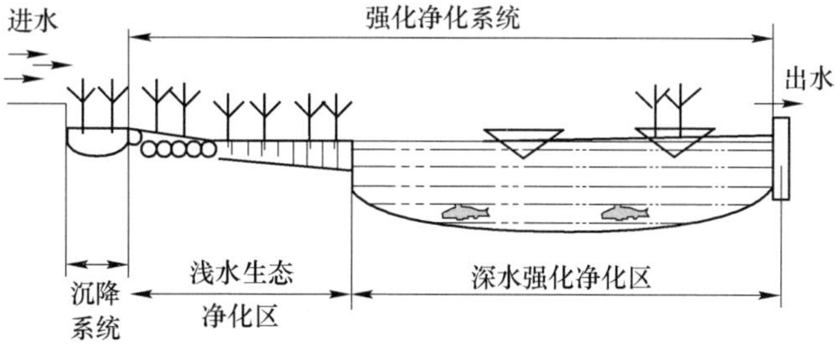

图 3-5 强化净化前置库系统的组成结构图

在设计过程中要考虑光照、温度、水力参数、水深、滞水时间、前置库库容、存贮能力、污染负荷大小等因子。

3.2.1.3 典型前置库技术案例

A 山地丘陵区农业面源污染净化前置库串联系统

在沂蒙山区的典型山地丘陵区建立小流域净化前置库串联系统。每一个前置库单元建设有生态塘池、沉淀池、前置库主库区和泄洪通道与泄洪管（见图 3-6）。在现有沟渠较宽区域，建设一个拦水坝，形成生态塘池，拦水坝上设置泄洪闸、以及与下面沉淀池相连的出水控制闸。根据实际需要，可对生态塘池进行一定的清挖，使其储存一定的水量。生态塘池深度一般在 1~2m 之间，也可种植比较柔性的沉水植物。生态塘池储水通过出口控制闸进入沉淀池，沉淀池的深度一般控制在 1m 内，面积由实际地形决定。经沉淀、拦截作用，径流中的大部分泥沙和悬浮颗粒物被沉降，出水采用表层水漫流的形式进入前置库库区。前置库主库区位于沉淀池后，库区面积根据现有地形尽量大，水深一般在 10~100cm，库区内种植对水位胁迫适应能力强、净化效果好，根系发达的土著水生植被。在前置库库区边，利用原有沟渠，建设泄洪通道。

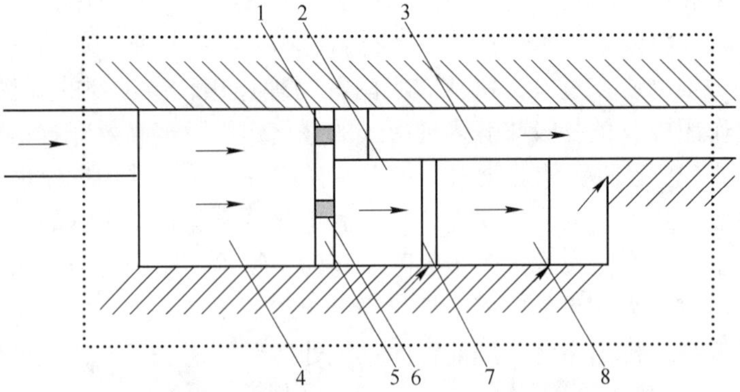

图 3-6 小型前置库单元结构示意图

1—泄洪闸；2—沉淀池；3—泄洪通道（生态沟渠）；4—生态塘池；5—拦水坝；6—控制闸；7—泄洪管；8—前置库库区

B 平原河网地区面源污染强化净化前置库系统

在江苏省宜兴市大浦镇浦南村建立强化净化前置库系统，应用于平原河网地区农田面源污染控制。该强化净化前置库系统包括地表径流收集与调节子系统（生态沟渠）、沉降子系统（植物栅）、生态透水坝和前置库库区 4 个部分（见图 3-7）。地表径流收集与调节子系统长度为 100m 以上，是利用现有河道沟渠或通过挖掘沟渠，结合生态沟渠技术，收集地表径流并利用河道自然净化的功能去除一部分农药污染物。沉降子系统长度为 10~100m，建立在生态沟渠后部，主要种植水生植物起到拦截、沉降作用，同时去除地表径流中的一部分农药污染物。

利用砾石构筑生态透水坝，砾石床种植的植物、砾石孔隙与植物根系周围的微生物共同高效去除农药污染物。在透水坝后建立前置库库区，利用具有高效净化作用的生物浮床、生物操纵技术、水生植物带、固定化微生物等，强化去除农药污染物。

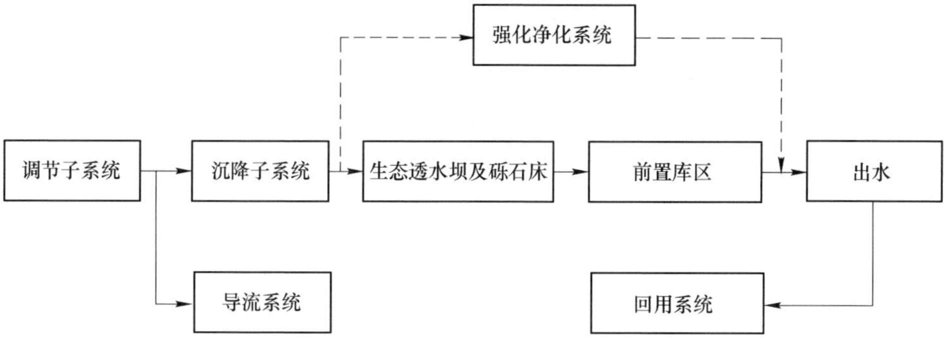

图 3-7 平原河网地区面源污染强化净化前置库系统的结构示意图

C 高埔小河前置库对农药类新兴污染物的截留作用

东江是珠江流域四大水系之一，是广东及香港地区的重要水源。高埔小河是东江上游一级支流，流域分布大面积农田，化肥及农药使用频繁，农药残留随雨水冲刷、大气沉降进入河流，对东江水质构成了直接威胁。

高埔小河前置库位于东江一级支流高埔小河入江河口处。高埔小河发源于万洞水库，流经河源市高埔村、大坑村、高埔工业园及高新技术开发区后汇入东江，集雨面积 24.6km^2，全长约 14km，多年平均流量为 0.80m^3/s，属于典型的雨源补给型河流。高埔小河前置库系统由东江河滨池塘改造而来，依河道地势自上而下依次设置砾石河床、主库净化区和入江河道三部分。砾石河床和入江河道长度分别为 310m 和 400m，面积分别约 2480m^2 和 4000m^2。主库区长 400m，面积约 27500m^2，库容为 55000~82500m^3。

于 2016 年 3 月（平水期）、6 月（丰水期）和 11 月（平水期）采集水样及沉积物样品。采样点分布见图 3-8（G 高埔小河、K1~K3 前置库首中末、K4 入江河道）。

分析结果表明，阿特拉津、异丙隆、异丙甲草胺、扑草净、西玛津、戊唑醇、甲霜灵、抗蚜威 8 种农药均有检出，高埔小河前置库主要通过颗粒沉降作用去除水中的农药类有机污染物，且库首（K1 区）在污染物沉降去除作用方面贡献最大。

3.2.2 生态塘技术

3.2.2.1 技术概要

旱作区或水旱轮作区的旱作季节农田径流流入沟渠，随后汇流进入塘池系

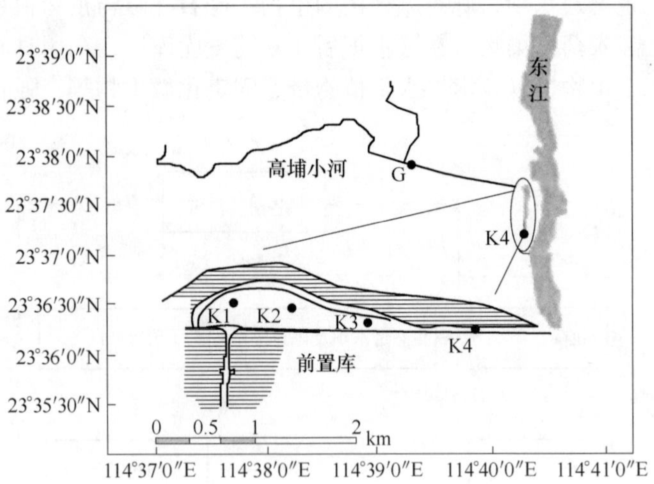

图 3-8 采样点分布图

统。排水系统包括引流渠和生态塘池系统。水田或水旱轮作区的水稻种植季节，生态排水系统仅包括生态沟渠和生态塘池系统。

对于大面积连片旱地，在田间可以建设若干地表径流收集系统，收集田间径流水，并输送入生态塘池系统。径流输送系统可以通过地下暗管，也可通过地上沟渠输送。

生态塘池系统主要用于收集、滞留沟渠排水。一个区域应建设若干个生态塘系统-梯级生态塘系统，经过生态塘系统处理的水可以进一步流入下游湿地系统，或直接用于农田灌溉。

生态塘池系统一般包括两部分，位于前端的沉降塘系统和位于后端的滞留系统，沉降塘系统深度要大于后端。生态塘通常因地制宜，依当地地势、地形、地貌和当地实际情况而建，采取废弃塘改造成本低，泥质和硬质化均可，取决于当地土地和经济发展水平。生态塘长、宽、深比例，植物种类、密度、生长和植物配置影响生态塘对农田面源污水中污染物拦截效率。前端生态塘系统深度一般大于 1m，位于后端的滞留系统深度约 0. 3m。

生态塘池长期运行后，应该对其进行清淤，清除的淤泥经过合理处理可回用肥田。

3. 2. 2. 2 案例一

靳聪聪等人于 2015 年 8 月，选择地处居民区和农业区交接地带、面积为 1500m^2 的污染水塘建立以沉水植物为主的水体生态修复示范区。前期工作包括截污和底泥疏浚等，池塘水深为 0. 8m。沉水植物种类为苦草和黑藻，苦草和黑藻混种比例为 1∶1，初始种植密度为 40 株/m^2，并在植物构建后半个月内清理残梗败叶，补种枯死的沉水植物。

示范区构建初期（2015 年 9 月~2016 年 2 月），沉水植物恢复取得了明显效果，其覆盖率由种植时的 15%增至 60%，生物量由 0.26kg/m^2 增至 1.18kg/m^2。伴随沉水植物生物量的增长，底栖动物的物种数和生物量也呈增长趋势。示范区构建前底栖动物的物种包括霍甫水丝蚓、水丝蚓属、铜锈环棱螺和耳萝卜螺共 4 种，其中以耐污类群为主；至 2016 年 2 月，物种数增至 10 种，新增的物种包括中华田园螺、凸旋螺、巴蛭属、舌蛭属、尖膀胱螺和流溪摇蚊，其中以中等耐污种群为主。底栖动物生物量由 10.29g/m^2 增至 41.09g/m^2，修复前以环节动物为主（生物量所占比例为 70%），而修复后以软体动物为主（生物量所占比例为 81%）

沉水植物构建后，水体中检测出 7 种农药（见表 3-1），其中毒死蜱、氰戊菊酯、腐霉利、甲拌磷和乙草胺 5 种农药的平均去除率均大于 75%，马拉硫磷和乐果的平均去除率约为 50%。

表 3-1 示范区水体中 7 种农药去除效果

农药名称	构建前质量浓度/$\mu g \cdot L^{-1}$	构建后质量浓度/$\mu g \cdot L^{-1}$	去除率/%
马拉硫磷	2.16±0.11	1.07±0.06	50.46
乐果	2.52±2.58	1.19±0.42	52.78
毒死蜱	2.00±1.40	0.19±0.06	90.50
氰戊菊酯	0.26±0.11	ND	>88
腐霉利	0.33±0.27	ND	>87
甲拌磷	9.71±4.85	1.95±0.25	79.92
乙草胺	5.16±1.65	0.30±0.12	94.19

注：ND，低于检出限。

3.2.2.3 案例二（堰塘湿地农田水环境修复）

堰塘湿地通过植物吸收、底泥吸附、微生物降解等综合作用，对农田排水进行净化。它不是专门建造的人工湿地，而是在农田中选取被废弃的堰塘进行稍微改造（如种植水生植物，清淤等）即可。其余设施可以根据农田现有设施进行改造。堰塘湿地水环境修复技术的最大特点是费用低廉、操作简单，在中国南方灌区有很大的推广前景。

在湖北省漳河灌区选取了 1 个封闭区域。该区位于湖北省灌溉试验中心站以南 2km，总面积 11.8 万平方米。区域内地势北高南低，东西高中间低，平均海拔高程为 96m。经统计，区域内共有 132 块农田，绝大部分田块种植水稻，种植制度为水稻-油菜/小麦一年两熟，2009年灌区水稻施肥水平为：氮肥为180kg/hm^2，基肥用碳酸氢铵，追肥（分蘖肥）用尿素；磷肥为40kg/hm^2，钾肥为70kg/hm^2。区域内在田块管理上采取分户管理的模式，灌溉水水源主要来自位于区域西侧的三干渠一分干。

最南端在整个区域中地势最低，该处有1座堰塘，将其改造为塘堰湿地，可以收集全区域农田排水。该堰塘表面积2300m^2，主要水生植物有菖蒲、芦苇等。从湿地实际情况出发将堰塘湿地划分为3个处理单元，各个单元之间用墙体隔开，每个单元均有各自独立的进水口和出水口，相互之间不联通（见图3-9）。3个处理单元分别为：单元Ⅰ为不做任何处理的纯天然状态，起对照作用；单元Ⅱ对湿地植物密度进行了优化，观测植物调整后的湿地处理效果；单元Ⅲ对湿地底泥进行了疏浚，回填新的底泥，然后重新调整植物种植密度。由于菖蒲在漳河灌区堰塘湿地当中属于优势物种，而且其吸收氮、磷效果很好，因此在湿地改造过程中将3个单元的湿地植物全部改种为菖蒲。

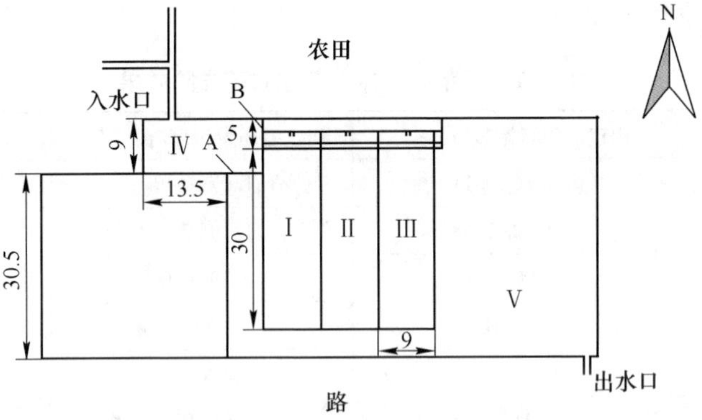

图3-9　塘堰湿地平面布置图

Ⅰ—对照单元；Ⅱ—植物密度优化单元；Ⅲ—底泥疏浚和植物密度优化单元；Ⅳ—初级沉淀单元；Ⅴ—湿地空余区；A，B—控制流入水量的墙体

采用两种方法处理湿地植被：

（1）除去植株。

（2）疏浚底泥，将肥沃湿地部分底泥进行疏浚（一般为0.5m）。除去的植株和底泥含有丰富的氮磷，可以还田。

湿地对农田排水的氮、磷去除效率随着水稻生育阶段的不同而异，在水稻生长初期和中期（分蘖拔节期、孕穗抽穗期）对氮、磷的去除率比较高，总氮去除率最大达到了81.6%，总磷去除率最大达到了80.0%，但在水稻生长期后期，湿地不能发挥去除农田排水中氮、磷的作用。从整个水稻生育期来看，湿地氮、磷素去除率分别为46%和44%，达到了预期目标。3个处理单元中，作为对照的单元Ⅰ的处理效果最差。单元Ⅱ和单元Ⅲ优化了湿地植物的种植密度，处理氮的能力显著增强，说明湿地植物对氮素的吸收是湿地去除农田面源污染中过量氮素的一个重要途径。单元Ⅲ比单元Ⅱ的磷的去除效果好，说明湿地基质底泥对磷的吸附以及底泥基质表面土壤钙与磷酸根离子的化学反应是湿地对去除磷元素的主要作用。

3.2.3　人工湿地技术

3.2.3.1　人工湿地的概念与分类

人工湿地是由人工模拟自然湿地建造和控制的，由土壤—植物—微生物形成的生态系统，利用生态系统中的物理、化学和生物的直接和协同作用，通过过滤、吸附、沉淀、离子交换、植物吸收和微生物降解来实现污水高效净化的一种废水处理技术。

常见的人工湿地根据系统布水方式及水流动方式，分表面流人工湿地和潜流人工湿地，潜流人工湿地又分为水平潜流人工湿地和垂直流人工湿地。

A　表面流人工湿地

表面流人工湿地（见图 3-10）的水面位于填料表面以上，水深一般为 0.3~0.5m，水流呈推流式前进。污水从池体入口以一定的速度缓慢流过湿地表面，部分污水或蒸发或渗入地下，出水由溢流堰流出。这种湿地靠近水表面部分为好氧层，较深部分及底部通常为厌氧层，具有投资省、操作简便、运行费用低等优点，但占地面积大，水力负荷小，去污能力有限。湿地系统运行受气候影响较大，夏季有滋生蚊蝇的现象，产生不良气味，冬季容易结冰。

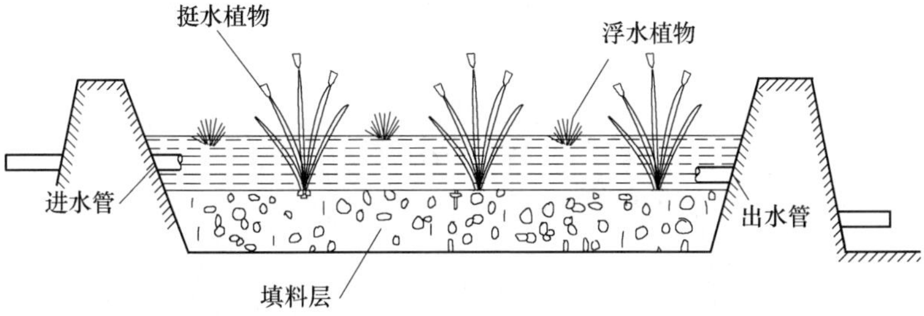

图 3-10　表面流人工湿地

B　潜流人工湿地

潜流人工湿地的污水在湿地床表面下经水平和垂直方向渗滤流动，通过植物传递到根际的氧气有助于污水的好氧处理，并可以充分利用填料表面生长的生物膜、丰富的植物根系及表层土和填料进行土壤的物理、化学和土壤微生物的生化作用等，提高处理效果和处理能力。根据水流方向可以分为水平潜流人工湿地和垂直流人工湿地。

a　水平潜流人工湿地

水平潜流人工湿地（见图 3-11）的水流从进口起在根系层中沿水平方向缓慢流动，出口处设集水装置和水位调节装置。系统中好氧生化反应所需的氧气主要来自大气复氧。与表面流人工湿地相比，潜流人工湿地受气温的影响相对较小，水力负荷大，对 BOD、COD_{Cr}、SS、重金属等污染物的去除效果好，而且很少有恶臭和滋生蚊蝇等现象。但该系统比表面流人工湿地系统的造价高，其脱氮除磷效果不如垂直流人工湿地。

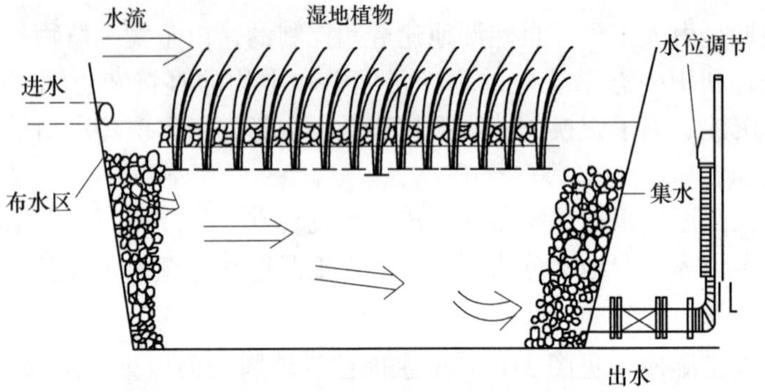

图 3-11　水平潜流人工湿地

b　垂直流人工湿地

单向垂直流人工湿地（见图 3-12）的水流方向为垂直流向，通常为下行流，出水系统一般设在湿地底部，采用间歇进水方式。垂直流人工湿地表层为渗透性良好的砂层，水力负荷一般较高，因而对氮、磷去除效果较好，但需要对进水悬浮物浓度进行严格控制。

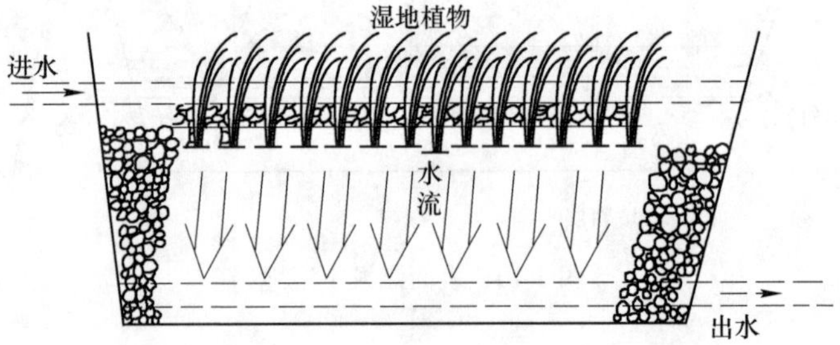

图 3-12　单向垂直流人工湿地

复合垂直流人工湿地（见图 3-13）由两个底部相连的池体组成，污水从一个池体垂直向下（向上）流入另一个池体后垂直向上（向下）流出。复合垂直流人工湿地可选用不同植物多级串联使用，通过增加污水停留时间和延长污水的流动路线来提高人工湿地对污染物的去除能力，通常采用连续运行方式，具有较高的污染负荷。

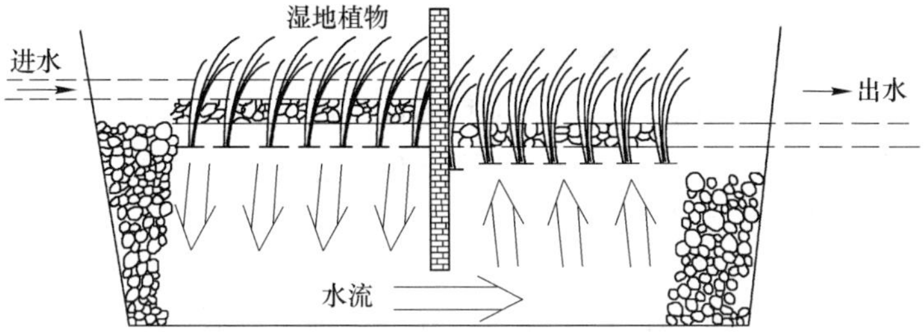

图 3-13 复合垂直流人工湿地

实际工程中，可以根据污水处理的需要将数个相同或不同类型的人工湿地池体组合在一起，形成一个污水处理系统。组合方式可分为并联式、串联式和混合式。如中南林业科技大学校区人工湿地污水处理中试系统，由“表流-潜流-表流”三级串联而成（见图 3-14）。

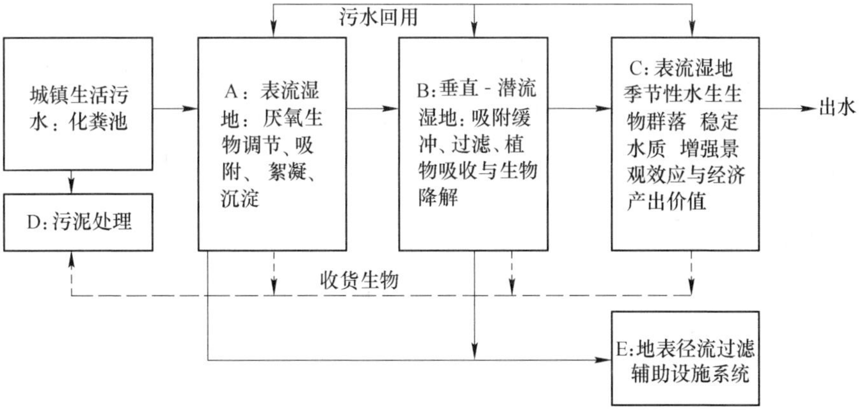

图 3-14 中南林业科技大学校区人工湿地污水处理中试系统

3.2.3.2 人工湿地植物分类和配置

人工湿地植物分为水生、湿生和陆生三大类。水生类型包括挺水植物、浮水植物、浮叶植物和沉水植物，湿生类型包括湿生草本植物和湿生木本植物，陆生类型包括陆生草本植物和陆生木本植物。

人工湿地系统水质净化的关键在于工艺的选择和对植物的选择及应用配置。植物在具有良好的生态适应能力和生态营建功能；管理简单、方便是人工湿地生态污水处理工程的主要特点之一。若能筛选出净化能力强、抗逆性相仿，而生长量较小的植物，将会减少管理上尤其是对植物体后处理上的许多麻烦。一般应选用当地或本地区天然湿地中存在的植物。

所引种的植物必须具有较强的耐污染能力，水生植物对污水中的 BOD_5、COD、TN、TP 主要是靠附着生长在根区表面及附近的微生物去除的，因此应选择根系比较发达，对污水承受能力强的水生植物。

植物的年生长期长，最好是冬季半枯萎或常绿植物；人工湿地处理系统中常会出现因冬季植物枯萎死亡或生长休眠而导致功能下降的现象，因此，应着重选用常绿冬季生长旺盛的水生植物类型。

所选择的植物将不对当地的生态环境构成隐患或威胁，具有生态安全性；具有一定的经济效益、文化价值、景观效益和综合利用价值。

若所处理的污水不含有毒、有害成分，其综合利用可从以下几个方面考虑：

（1）作饲料，一般选择粗蛋白的含量大于20%（干重）的水生植物。

（2）作肥料，应考虑植物体含肥料有效成分较高，易分解。

（3）生产沼气，应考虑发酵、产气植物的碳氮比，一般选用植物体的碳氮比为（25~30.5）∶1。

（4）工业或手工业原料，如芦苇可以用来造纸，水葱、灯芯草、香蒲、莞草等都是编制草席的原料。

不同的人工湿地类型具有不同的水质与水位、水流特性，因此，对植物的配置要求也不相同。表流人工湿地水位相对较深，要求植物为耐深水的水生和湿生植物类型；潜流型人工湿地水位在填料表层以下，要求植物可以为不耐深水挺水植物、湿地和陆生植物类型。

各种类型湿地植物的主要品种及其人工湿地类型配置见表3-2。

表3-2　各种类型湿地植物的主要品种及其人工湿地类型配置

植物类型		主要品种	人工湿地类型配置
水生类型	挺水植物	香蒲、菖蒲、黄菖蒲、花菖蒲、石菖蒲、千屈菜、水鬼蕉、花叶芦竹、再力花、旱伞草、水生美人蕉、姜花、灯芯草、薰草、席草、荸荠、慈姑、皇冠草、茭草、香根草、香菇草、水莎草、纸莎草、马蹄莲、水芹菜、梭鱼草、荷花、德国鸢尾、节节草、皇竹草、藕草、薏苡、水葱、荻、芦苇、泽泻、水毛花、黑三棱、萤蔺等	表流、潜流人工湿地、植物塘、浮床栽培
	浮水植物	槐叶萍、凤眼莲、浮萍、满江红、大藻等	表流人工湿地、植物塘
	浮叶植物	睡莲、荇菜、菱、萍蓬草、王莲、水罂粟、水鳖、芡实、莼菜、水雍菜、水龙、眼子菜等	表流人工湿地、植物塘
	沉水植物	狐尾藻、苦草、黑藻、金鱼藻、菹草、大茨藻、小茨藻、竹叶眼子菜、光叶眼子菜、石龙尾、生水马齿等	表流人工湿地、植物塘

续表 3-2

植物类型		主 要 品 种	人工湿地类型配置
湿生类型	湿生草本植物	海芋、野芋、水蓼、芭蕉、水仙、春羽、龟背竹、三白草等	表流、潜流人工湿地、浮床栽培
	湿生木本植物	水杉、落羽杉、池杉、中山杉、垂柳、欧美杨等	表流、潜流人工湿地、浮床栽培
陆生类型	陆生草本植物	萼距花、吉祥草、苎麻、羽衣甘蓝、金盏菊、红叶甜菜、龙舌兰、虎耳草、香石竹、玉簪、萱草、绣球花、紫鸭拓草等	表流、潜流人工湿地、浮床栽培
	陆生木本植物	木槿、木芙蓉、小叶女贞、夹竹桃、栀子花、八角金盘、棕榈、法国冬青	表流、潜流人工湿地、浮床栽培

3.2.3.3 人工湿地对农药的降解机理

人工湿地通过物理、化学和生物三者的综合协调作用净化水体中的农药。

A 物理净化过程

a 物理沉降

水体中的农药在迁移过程中与水中颗粒物结合进行物理沉降，而富含农药的颗粒物在湿地系统中，通过基质填料与植物根系的过滤、截留等作用得以部分去除。同时，也通过微生物的降解作用，部分颗粒物及沉降于颗粒物表面的农药得以去除。这种物理沉降作用在富含颗粒物的水体中尤为重要，是该类水体农药去除的最有效途径。在物理沉降净化过程中，农药在湿地中的停留时间与去除效果密切相关，停留时间越长，越有利于农药与颗粒物的结合，从而其去除效果也越好。此外，颗粒物粒径大小对农药去除效果也产生影响，粒径小于 2μm 颗粒物易吸附农药。

b 物理吸附

湿地系统中的物理吸附过程主要是基质对农药的物理吸附作用。人工湿地中的基质是支撑湿地植物的主要介质，为植物与微生物的生长提供场所及营养物质，因此基质表面也易形成生物膜。污水流经基质表面的过程中，水中的农药通过物理吸附作用被基质及植物根系所截留，而吸附于基质及植物根系表面的农药通过生物及非生物降解等过程最终得以去除。

c 物理蒸发（物理挥发）

农药蒸发指在自然条件下，农药通过水面挥发逸入大气的现象，这种农药蒸发效应是许多农药在湿地中消失的另一种主要途径。农药蒸发作用的大小与农药的蒸汽压、水溶解度、扩散系数及所处地区气候条件等密切相关。同时，湿地中水分的蒸发也可促使农药的挥发，当水分蒸发时，水-农药溶液通过毛细管作用向蒸发水面移动，故可加速农药的蒸发。

B　化学净化过程

a　化学吸附

化学吸附是由化学键作用所引起的吸附现象，即通过化学反应将农药吸附到基质表面，或溶解态农药分子与基质表面的有机质反应，将农药从水相转移至基质表面，而吸附于基质表面的农药通过基质表面的生物及非生物作用得以去除。基质对农药的化学吸附取决于农药的化学结构、农药的疏水性及基质中所含有机质的含量等。

b　化学分解

人工湿地系统对农药的化学分解过程又可分为水解与光解。化学水解过程是农药进入湿地系统后最先发生的。影响农药水解过程的因素众多，其中主要受农药分子结构，以及湿地内部环境因素中的溶液 pH 值、温度及水中其他阳离子（金属离子）等的影响。光解亦是农药降解的重要途径，光解可分为直接光解与间接光解，直接光解是指农药吸收光子后直接进行降解反应；间接光解是指由其他物质吸收光子而引发的农药降解反应，间接光解包括光氧化、光还原降解等。水环境因子中的 pH 值、温度，以及具有光化学活性的溶解氧及溶解性有机质等对光解作用均产生影响。

C　生物净化过程

a　微生物代谢

在人工湿地中微生物是整个湿地生态系统的重要组成部分，亦是湿地系统净化污染物的重要途径。在湿地系统中，降解农药的微生物主要包括细菌、真菌、藻类及原生动物等，微生物对农药的降解作用可分为直接作用与间接作用。微生物通过酶促反应直接降解农药，其生化反应具体包括氧化、还原、脱卤、脱烃、缩合、环裂解、水解等。此外，微生物通过自身的生理生化活动改变周边的理化环境，如改变 pH 值、产生辅助因子等，从而间接作用于农药。影响微生物代谢因素众多，如农药的分子结构、溶解氧、温度、有机物含量、微生物菌落结构等。在湿地系统中，随系统的不断运行，微生物对农药的耐受性增强，降解农药的活性也相继增强，农药降解效果也显著提高。

b　植物降解

湿地系统中植物通过对农药的直接吸附、吸收和降解等过程去除农药。湿地植物生长旺盛，根系发达，这有利于根系对农药的直接吸附，吸附于植物根系的农药在植物根际与微生物的联合作用下得以降解。许多植物也可直接吸收湿地系统中的农药，吸收到植物体内的农药，部分在植物蒸腾作用下进入大气；部分在植物体内富集，等植物成熟后，通过收割植物的方式从湿地系统中得以去除；而部分通过植物代谢活动过程中产生的酶在植物体内得以降解，此过程大部分为酶的氧化过程。

3.2.3.4 人工湿地对农药的净化效能

湿地可以有效地去除径流中的农药，达到净化水质的效果。对于特定湿地中的特定农药而言，水力停留时间越长，湿地对农药的去除效果越好。有研究表明，当停留时间从 8d 增加到 30d 时，阿特拉津的去除效率可以从 26%提高到 84%。通过汇总全球不同地区人工湿地对农药的去除率（见表 3-3）可以看出，湿地生态系统可以在一定程度上净化去除径流中的农药，且去除效率受湿地类型和农药种类等因素的影响。

表 3-3 人工湿地对农药的净化效能

湿地类型	农药名称	去除效率/%	湿 地 位 置
表面流人工湿地	甲基谷硫磷	77~93	南非开普敦
	联苯菊酯	95~98	美国加利福尼亚中央山谷
	氟氯氰菊酯	98~99；76	美国加利福尼亚中央山谷；美国密西西比比斯利湖
	氰戊菊酯	99~100	美国加利福尼亚中央山谷
	氯菊酯	99~100	美国加利福尼亚中央山谷
	氯氰菊	95~97	美国加利福尼亚中央山谷
	伏草隆	22	美国密西西比三角洲湖
	阿特拉津	32；64；100	美国密西西比三角洲湖；法国博雷；美国密西西比比斯利湖
	毒死蜱	99；93；95	美国密西西比比斯利湖；哥伦比亚
	甲基对硫磷	98	美国密西西比比斯利湖
	二嗪农	68~92；94	美国加利福尼亚中央山谷；美国密西西比比斯利湖
	百菌清	94；79	法国博雷
	高效氟氯氰菊酯	100；49	美国密西西比比斯利湖
	苄草丹	93	法国博雷
	敌草胺	65	法国博雷
	吡草胺	70	法国博雷
	敌草隆	57~72；33~51	法国阿尔萨斯；澳大利亚阿德莱德
	西马津	36~60；20~60	法国阿尔萨斯；澳大利亚阿德莱德
	霜脲氰	100	法国阿尔萨斯
	特丁津	100	法国阿尔萨斯

续表 3-3

湿地类型	农药名称	去除效率/%	湿 地 位 置
表面流人工湿地	草甘膦	75~99；77~90	法国阿尔萨斯
	甲霜灵	56~73；14~23	法国阿尔萨斯；挪威奥斯陆
	苯嗪草酮	28~42；100	挪威奥斯陆；挪威里尔
	赛克津	11~19	挪威奥斯陆
	毒草胺	32~37	挪威奥斯陆
	利谷隆	26~56	挪威奥斯陆
	丁苯吗啉	27~50	挪威奥斯陆
	麦草胃	33.3	挪威里尔
	乐果	100	挪威里尔
	肟菌酯	85	挪威里尔
	戊唑醇	100	挪威里尔
水平潜流人工湿地	毒死蜱	83；92~96.8；93	西班牙；哥伦比亚
	异丙甲草胺	90.2	美国巴克斯特
	西马津	25；83	西班牙；美国巴克斯特
	敌草隆	0	西班牙
	硫丹	99	西班牙
	草不绿	80	西班牙

在植物对农药净化效果方面，杨英利等人研究了莱茵衣藻、纤细裸藻和聚球藻对三唑磷的净化效果，结果表明 3 种藻类对三唑磷具有很强的吸收积累能力，对水体中三唑磷的消除有显著的贡献。成水平等人探讨了美人蕉对三唑磷的降解，结果显示美人蕉对三唑磷的去除率达 74.3%，具有很好的修复水体三唑磷污染的潜力。高博等人研究了穗状狐尾藻和金鱼藻对水体中乐果的净化，结果表明将穗状狐尾藻和金鱼藻进行联合培养，能对有机磷农药起到很好的去除效果。Hinman 等人研究了黑藻对阿特拉津、林丹和氯丹的吸收动态，结果表明黑藻对多氯苯类化合物有较强的吸附能力。Wilson 等人研究了香蒲对甲霜灵和西玛津的降解，结果表明香蒲对 2 种农药的吸收率分别达到 34%和 65%，具有较好的净化效果。

在不同植物对农药净化效果的对比研究方面，傅以钢等人用水葱、香蒲和石菖蒲对污水中的乐果进行了降解，结果表明去除能力依次为水葱>香蒲>石菖蒲。高士博等人对比研究了宽叶香蒲、芦苇、花叶香蒲及小香蒲对双酚 A(BPA) 净化效果，结果表明宽叶香蒲对双酚 A(BPA) 的去除率显著高于芦苇、花叶香蒲及小香蒲等。同时，4 组植物对毒死蜱、BPA 和 4-壬基酚的去除率均高于 60%，有利于对农药的去除。李瑞华选取了水生鸢尾、菖蒲、水葱、千屈菜4种植物中的微生物对水体中的农药多效唑进行净化，结果表明在水葱和菖蒲组中，微生物对多效唑的吸收积累能力显著。Lunney等人对比分析了小胡瓜、大牛毛草、紫花苜蓿、黑麦草和南瓜5种植物对DDT的修复能力，结果发现小胡瓜和南瓜对DDT具有较强的吸收和富集能力，对农药具有很好的去除效果。Elsaesse等人分析得出藨草相比宽叶香蒲具有较强的农药吸收能力，而芦苇与水稻相比其他水生生物，对DDT具有较强的吸收作用。

在不同人工湿地系统对农药净化效果的对比研究方面，李咏梅等人对比了水平潜流人工湿地和垂直潜流人工湿地对农药烟嘧磺隆的去除能力，结果表明水平潜流人工湿地对烟嘧磺隆的去除率达到80%，而垂直潜流人工湿地的去除率达到67%。Maillard等人研究了表面流人工湿地和水平潜流人工湿地对西玛津的去除效果，结果表明水平潜流人工湿地对西玛津的去除率达到85%，远高于表面流人工湿地的39%。Agudel等人探讨了表面流人工湿地和水平潜流人工湿地对毒死蜱的净化能力，发现表面流人工湿地对毒死蜱的去除效果略优于水平潜流人工湿地。Matamoros等人研究了潜流人工湿地和表面流人工湿地对林丹、硫丹等农药的降解能力，分析得出潜流人工湿地对农药的去除率达到90%以上，略高于表面流人工湿地。

在人工湿地系统运行条件优化研究方面，张继彪等人进行了湿地系统对甲胺磷的去除试验，结果得出甲胺磷浓度在5.30~50.75mg/L范围内，甲胺磷去除率达到90%左右；在系统中外加氮源对甲胺磷的降解无明显影响；日均气温在24℃以上时，去除率稳定在95%以上，低于15℃时，去除率低于60%；且随水力停留时间增加，甲胺磷的去除率提高。冯玉琴等人采用种植美人蕉的水平潜流人工湿地对三唑磷进行了处理，结果表明在0.1mg/L（低浓度）、1.0 mg/L（中浓度）、5.0mg/L（高浓度）的条件下，三唑磷去除率分别达到96.4%、96.8%、53.7%，美人蕉能有效吸收和降解三唑磷。秦晶等人探讨了3个不同浓度（10μg/L、100μg/L、1000μg/L）的硫丹在表面流人工湿地中的去除规律，结果表明30d内硫丹在人工湿地的水、非根际基质和根际基质中的平均去除率分别为87.9%、63.0%、70.9%。Moore等人进行了湿地系统在不同浓度下对毒死蜱的去除试验，结果表明在73μg/L、147μg/L、733μg/L的进水浓度条件下，毒死蜱的去除率分别为98%、96%和94%，去除效果显著。Stearman等人研究了水力停留时间对农药去除效果的影响，试验结果表明水力停留时间5.1d的有植物组与水力停留时间4.1d的无植物组，去除率分别为82.2%和64.4%。

3.2.3.5 人工湿地的启动、运行和维护

A 人工湿地的启动

对表流人工湿地来说，设立启动期是十分必要的，以利于动植物群落的发

育。启动期的长短根据系统类型、进水水质以及不同季节而定。

a 表流人工湿地的启动

表流人工湿地为保证植物更好地生长，满足出水水质要求，需要的启动时间应足够长。只有当表流人工湿地中的植物达到一定生长阶段，才会逐步达到最好的湿地处理效果。植物生长所需要的时间决定于种植密度和生长季节。种植密度较高的表流湿地如果在春季启动，第二个生长季节末可达到较好的湿地处理效果。种植密度低的表流人工湿地如在北美的秋末启动，可能需要三年或更长的时间才能达到最佳处理效果。

在理想条件下，表流人工湿地应在种植6周后进入启动阶段，为挺水植物适应和生长提供足够长的时间。如果短于6周，启动时应控制水位低于植物高度。

在启动期的起始阶段，通过调节出口处的水位调节装置来逐渐加高湿地水位，保证挺水植物顶部一直处于水面以上。

在湿地启动期，管理人员应每周检查次数，检修内容包括：湿地植物的生长情况、隔堤等结构稳定情况、水位调节以及蚊蝇滋生情况等。在大面积表流人工湿地中种植的植物一旦出现死亡现象，为了避免湿地水流短路，应及时予以补种。

b 潜流人工湿地的启动

潜流人工湿地并不是主要靠植物来进行水处理，对启动时间的长短要求并不严格。启动期间，运行人员主要负责调节系统水位。一般来说，潜流人工湿地在种植末期水位将达到基质表面。植物开始生根时，水位可逐渐降低至设计运行水位。加入污水前可能需要施肥。

B 人工湿地的运行维护

人工湿地作为一个所谓的“自然”系统，运行流程简单，只需要较少的运行和管理人员。管理人员应遵守规范，发现问题时采取适当的处理，按要求进行监测，管理人员最严格的工作是水位调节。运行维护的内容包括水流均匀性（进口和出口结构）维护、湿地植物管理、臭味控制、蚊虫控制和隔堤等结构防护。

a 水位和水流控制

湿地中的水位和流量通常是影响一个设计良好的人工湿地处理效果的最重要的变量。水位变化对水力停留时间、气-水界面大气扩散通量，以及植物覆盖率都有一定影响。应对水位的突然巨幅变化立即进行调查，这一变化可能是由池底漏水、出口堵塞、隔堤溃决、暴雨径流或其他原因引起的。

季节性水位调节可以防止冬天结冰。为了预留出结冰层所需要的空间，在深秋季节应把水位升高约50cm。一旦结冰，冰层下面的水位将会降低，从而在水平面和冰层之间创造出一个保温层，维持湿地水温不至于太低。

b 均匀流的维护

为了达到较好的湿地处理效果，保证湿地处理系统在进口到出口之间的均匀流非常重要。进口和出口端应定期检查和清理，及时清除可能引起堵塞的垃圾、污泥等。堰或格栅表面的碎片和细菌黏液需要及时清除。浸入式进水管和出水管也要定期冲洗。根据需要，还可以用高压喷水和机械手段达到清污目的。

进水中的悬浮颗粒物会淤积在进口端，从而降低水力停留时间。随着时间推移，淤积到一定程度后就需要及时清理。潜流人工湿地的泥渣去除需要排空湿地，并且还要清空基质，比较难于操作，所以一般不推荐利用潜流人工湿地处理含高悬浮物污水。

c　植物管理

如果环境适宜，湿地植物会向未种植区域扩散繁殖。管理人员应该通过植物收割的方式防止湿地植物向设计成好氧区的开敞水面扩散。

植物管理的主要目的在于维持湿地需要的植物种群。通过稳定的预处理、偶尔小幅度的水位变化、定时植物收割等可到达这个目的。如果植被覆盖率不足的话，还需要采取包括水位调节、降低进水负荷、植物杀虫、植物补种等补救措施。

根据系统设计要求，湿地系统需要植物收割和垃圾清除。为了提高处理能力，表流湿地植物需要定期收割，而潜流人工湿地如果设计和运行得当的话，并不需要定期收割湿地植物。当芦苇生长到一定高度或在生长季节结束之前进行植物收割，冬季通过植物焚烧可控制害虫。

d　臭味控制

如果湿地设计得当，一般不存在臭味问题。在开放水域，过量 BOD 和氨氮在厌氧条件下会释放出臭味。因此可以减少进水中有机物和氮的负荷对气味加以控制。另外，好氧开放水域散布在植物区间可向系统引入氧气。当湿地系统不能有效去除水体中像硫化氢等易挥发性物质时，在系统出水口用于曝气的跌水或明渠水跃位置，这部分气体会释放出来，产生难闻的臭味。

e　蚊虫控制

对于表流湿地，蚊子控制是一个非常棘手的问题。在热天，可在湿地放养一些食蚊鱼或蜻蜓幼虫来控制蚊子。由于湿地中的淤积现象和部分区域种植密度太大（比如芦苇），食蚊鱼并不能游到湿地的每一个角落，所以对控制蚊子有一定局限性。其他一些控制蚊子的自然方法包括架设鸟类栖息的树枝和搭建鸟窝，燕子是最合适的鸟类。细菌杀虫剂（苏玉金杆菌和球形芽孢杆菌）在一些湿地中已经有了成功的应用。

f　隔堤和围栏的维护

隔堤和围栏的维护工作主要是割草、侵蚀控制、防止动物挖洞穴和树木增长。当湿地在低水位运行时，需要对湿地中的野生树苗定期收割，防止它们一旦长成后遮挡挺水植物的阳光，进而影响湿地的絮凝、沉淀和反硝化作用。

C 人工湿地的监测

常规监测是湿地管理上的一个必要环节，常规监测项目包括进水流量和出水流量、水质、水位以及生物状态指标。生物情况监测包括微生物种群变化、水质变化、占主导地位的植物覆盖率以及大型无脊椎动物和代表性鱼类的数目变化等。随着时间的推移，管理人员可以根据这些数据判断湿地系统可能存在的问题，并据此采取适宜的处理措施。

3.2.3.6 人工湿地典型案例

水力停留时间是人工湿地污水处理系统重要的设计参数之一，这一参数对于去除水体中氮、磷、农药及悬浮物等有着重要的意义。潜流湿地往往可以在相对较小的处理单元内增加水力停留时间，而对于表面流湿地则需要相对较长的处理单元来实现相同的水力停留时间。为了提高现有表面流人工湿地的氮、磷、农药拦截能力，增加表面流人工湿地的水力停留时间，增强水体氮磷及悬浮物的消减能力等，设计了一种氮磷拦截潜流坝。

A 设计原则

将沟渠来水合理分配到湿地，削减暴雨期间的水量负荷以及进水中的氮、磷含量；不影响上游农田耕作，不改变沟渠塘原有功能；湿地建成后具有较佳的美学景观，湿地的部分植物产品可创造经济效益。

B 湿地及潜流坝构建

浅塘湿地由原来洼地改建而成，原有植物主要为芦苇，经过改造后形成两个水面面积相同的浅塘湿地生态塘 1 和生态塘 2。其中生态塘 2 中布设有潜流坝，同时为了景观效果和减少投资，在生态塘 2 中设计有人工岛。人工岛由原有洼地土壤堆砌而成，人工岛两侧有 2 个潜流坝，2 个潜流坝宽度均为 4m，长 6m，人工岛面积 $100m^2$，生态塘 1 宽度为 22m，长度为 45m，生态塘 2 宽度为 25.3m，长度为 45m。2 个生态塘示意图如图 3-15 所示。进水用直径为 30cm 波纹管由原农田排水渠引入，2 个进水口高度一致，位置相同。在 2 个生态塘出水口设置 2 个拦水节制闸。2 个生态塘进水量一致，平均日进水量 $200m^3$，构建潜流坝成本为每米 1000 元。

C 设计方法

潜流坝主要应用于农田生态沟渠塘拦截氮、磷、农药等物质的表面流人工湿地，坝体高 80cm，长度依据具体沟渠塘宽度而定，宽度为 4~6m，潜流坝两侧有透水墙，宽度为 40cm，由空心砖垒砌而成。透水墙中间设置有砾石填料层，高度为 40cm，考虑到工程投资砾石填料层可就近用料，可采用鹅卵石、废砖块、煤渣、水泥块等的一种或几种。砾石填料层的砾石粒径在靠近进水口一端为 5~

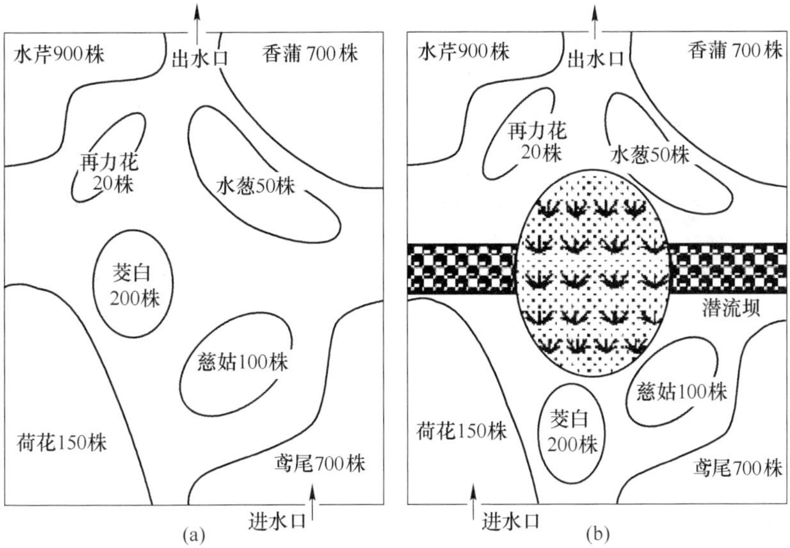

图 3-15 试验区概况及试验区设计

（a）生态塘 1；（b）生态塘 2

8cm，然后向出水口一端砾石粒径逐渐降低到 1~2cm。为了更好地吸收水体中的氮、磷、农药，在砾石填料层上方有土壤覆盖层，高度为 40cm，土壤覆盖层上种植有植被系统，可以种植常绿草本植物和灌木，常绿草坪可以栽种多年生黑麦草、高羊茅、早熟禾、小冠花等，常绿灌木可以栽种冬青、小叶黄杨、女贞、小檗、黄杨、石楠等灌木（见图 3-16）。为了防止来水过量而漫过潜流坝，在潜流坝中部埋设有溢流管高度距坝底 50cm，溢流管直径为 20cm，溢流管数量按照潜流坝长度每 2m1 根来设置。当农田排水沟渠系统中水体通过氮磷拦截潜流坝时，能有效增加水力停留时间，并且由于设置了砾石填料层，能使水体中的悬浮污染物得到沉降和吸附，氮磷拦截潜流坝上的植物也可以有效吸收水体中的氮磷等污染物，最终实现对水体氮磷等污染物的有效拦截。

D 植物配置

在植物选择上除具有普通水生植物适应性强、生物量大的优点外，还应具有景观性好、四季常绿或者短休眠特性的植物。最终筛选生态塘四周和边坡布置垂柳，护坡植物选择多年生黑麦草、高羊茅、早熟禾、小冠花、狗牙根等，在生态塘内布置常绿水生植物水芹、路易斯安娜鸢尾、狐尾藻，其他水生植物菖蒲、香蒲、茭白、慈姑、荷花、水葱、再力花等。人工岛上种植垂柳、小叶黄杨、女贞、石楠等灌木，潜流坝上种植小叶黄杨、女贞、石楠等灌木及护坡植物多年生黑麦草、高羊茅、早熟禾、小冠花、狗牙根等。

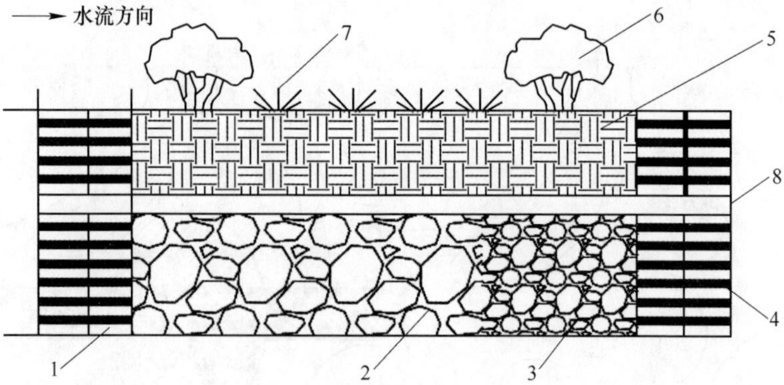

图 3-16　潜流坝断面示意图

1—透水墙（进水侧）；2—砾石填料层（5~8cm）；
3—砾石填料层（1~2cm）；4—透水墙（出水侧）；5—土壤层；
6—常绿灌木；7—常绿草本植物；8—溢流管

E　氮磷拦截效率

无潜流坝生态塘 1 水体铵态氮和总氮的平均去除率分别为 68.7%和 62.6%，带潜流坝生态塘 2 水体铵态氮和总氮的平均去除率分别为 77.1%和 69.8%，分别较生态塘 1 高出 8.3%和 7.2%。无潜流坝生态塘 1 水体总磷的平均去除率为 34.6%，带潜流坝生态塘 2 水体总磷的平均去除率为 51.6%，说明潜流坝对氮磷具有较强的去除能力。

F　经济效益分析

构建潜流坝成本为每米 1000 元，虽然潜流坝的投入比常规表面流湿地有所增加，但具有潜流坝的生态塘 2 较无潜流坝的生态塘 1 每年平均可以减少排放铵态氮 12.4kg、总氮 28.5kg、总磷 3.65kg。同时该潜流坝占地面积小，节约了土地成本，并且具有较强的拦水阻流作用，增加水流的渗流时间，延长水力停留时间，同时潜流坝上的植物也可以有效吸收水体氮磷等。因此，构建氮磷拦截潜流坝在经济上和去除水体氮磷污染物功效上都是可行的。

3.3　农药残留物的物理吸附

3.3.1　生物质炭吸附剂

生物质炭具有非常复杂的微孔结构，比表面积很大，性质比较稳定，且表面含有很多活性基团。向农田中添加生物质炭，一方面能够对受农药痕量面源污染的农业土壤进行修复；另一方面，将生物质炭添加到低原生有机质土壤中，能够提高土壤肥力，并通过吸附作用减少污染物的淋溶流失和对地下水的渗滤。

3.3.1.1 生物质炭的基本性质

生物质炭，是指由富含碳的生物质在厌氧或者缺氧的条件下通过裂解或者不完全燃烧，生成的一种含碳丰富的固体物质。常用于制造生物质炭的原料有：秸秆等农业废弃物，林业产品加工产生的木屑、锯末，食品加工的壳、皮，动物代谢粪便，以及城市污泥等。

生物质炭主要由单环和多环的芳香族化合物组成，具有较高的化学和生物学稳定性；主要由C、H、O、N等元素组成，同时含有大量P、S、K、Ca、Mg等植物所需的营养元素；一般呈碱性；具有复杂的孔隙结构和很大的比表面积，吸附能力极强；表面含有丰富的—COOH、—COH和—OH等含氧官能团，它们产生的表面负电荷使生物质炭具有较高的阳离子交换量（CEC）。

生物质炭在很多方面与生产应用较为成熟的活性炭类似，但是其在原料来源、生产成本等方面有着更为明显的优势。表3-4对比了生物质炭和活性炭的某些性能。活性炭在饮用水深度处理、制药行业等精度要求高的行业更为适合，而对于水中污染物的处理、污染土壤的修复等方面，生物质炭由于其来源广泛、成本低廉更为适合。并且随着生物质炭的生产技术进一步提高，很可能在今后成为活性炭的替代品。

表3-4 生物质炭与活性炭的性能比较

项目	生物质炭	活性炭	对 比
作用原理	表面吸附、静电作用、化学沉淀	表面吸附、催化作用	活性炭仅依靠表面吸附，其吸附容量有限；生物质炭具有多种作用，对于复合污染的修复能力更强
性能表征	发达的孔隙结构、较高的比表面积、较高的稳定性	发达的孔隙结构、高比表面积（500～3000m^2/g）、高稳定性	与生物质炭相比，活性炭具有更大的比表面积和吸附能力，以及更好的稳定性能
主要原料	农副产品的废料、动植物残体等废弃资源	煤、木屑、果壳等	与活性炭相比，生物质炭的生产原料来源更为广泛，节省了不可再生能源，并实现了废弃资源的高附加值再利用
元素组成	C（>60%）、H、O、N、S、K、Ca等	主要以C为主（80%～90%），含有少量杂质	生物质炭中含有植物可利用的元素，加入土壤中利于植物生长；而活性炭中的其他元素可能限制其吸附和催化性能
生产条件	生产条件简单，生产成本较低	生产条件要求高，生产成本高	生物质炭生产过程简单，成本低，比活性炭更具有市场竞争力

3.3.1.2 生物质炭制备前的原料预处理

生物质原料在热处理前用 $NH_4H_2PO_4$(ADP) 预处理，可制备得到高效生物炭。ADP 在热解的低温阶段可以加速脱水反应，缓解热分解的强度，阻止焦油的生成，大大提高热分解反应终期时固体产物的产率。具体预处理方法为：将磨成粉末的原料（秸秆）按照 1∶10 的固液比浸泡在 5%（质量浓度）的 ADP 溶液中 24h，使得 ADP 充分附着在原料上，滤出多余的溶液后在烘箱 80℃ 干燥约 24h。

3.3.1.3 生物质炭对农药残留物的去除机理

生物质炭对农药残留物的去除机理主要有：

(1) 生物质炭具有丰富的孔隙结构，可以固定农药污染物。

(2) 生物质炭具有巨大的比表面积，可以有效地吸附农药残留物。

(3) 高温条件下制备的生物质炭极性较强，对农药残留物的亲和能力强，因此能更有效地去除农药污染物。

(4) 生物质炭增强了土壤中微生物的活性，使其对农药污染物的降解能力增强。

3.3.1.4 生物质炭在农村农药污染控制中的应用

生物质炭具有良好的吸附性能和稳定的化学性质，可以耐强酸、强碱，能经受水浸、高温、高压作用，不易破碎，可以将土壤中的残留农药有效固持，有效控制农村农药面源污染。

生物质炭可以提高土壤中非水解有机碳的含量，经生物质炭改良的土壤对除草剂的吸附作用显著提高，可以有效地阻止除草剂向地下迁移，对地下水造成污染。经过 1%玉米秸秆生物炭改良的土壤，对阿特拉津的吸附能力与未改性的土壤比较提高 66%，经 10%玉米秸秆生物炭改良的土壤对阿特拉津的吸附能力约为单一土壤的 3 倍。

将生物质炭分别施加于黑土、黄壤、红壤、紫色土和潮土（有机质含量分别为 4.59%、1.69%、1.48%、1.24% 和 1.16%），添加质量分数 0.5% 的生物质炭，可以提高对氯虫苯甲酰胺的吸附活性，提高程度因土壤性质不同而异。添加生物质炭的黑土、黄壤、红壤、紫色土和潮土相对于各自然土壤的 K_d（Freundlich 模型中与吸附容量和吸附强度有关的常数）值分别提高了 2.17%、10.00%、18.68%、39.87% 和 139.13%，绝对值分别增加了 0.05L/kg、0.46L/kg、0.18L/kg、0.63L/kg 和 1.31L/kg。

3.3.2　其他吸附剂

活性炭是一种性能优良的吸附剂，具有独特的吸附表面结构特性和表面化学性能，化学性质稳定，机械强度高，耐酸、耐碱、耐热，不溶于水与有机溶剂。改性活性炭材料被广泛用于污水处理、大气污染防治等领域，也可以用于农药残留物污染防治领域。2，4-滴为氯化苯氧乙酸类农药，呋喃丹和甲萘威为氨基甲酸酯类农药，莠去津为三嗪类农药，均为弱极性化合物，在水中有一定的溶解性。分别向0.15mg/L 2,4-滴、0.035mg/L 呋喃丹、0.25mg/L 甲萘威、0.01mg/L 莠去津的实验用水中加入20mg/L 的煤质粉末活性炭，然后磁力搅拌30min，粉末活性炭对4种农药的吸附去除率均在80%以上。在pH值范围为6~9的1μg/L 甲氰菊酯浓度的水样中，加入40mg/L 的木质粉末活性炭，70min内木质粉末活性炭对甲氰菊酯的去除率可达81.6%。

利用季铵盐阳离子表面活性剂对活性炭进行接枝改性，表面活性剂含有亲水的季铵基团和疏水的长链烷基，具有改变材料表面润湿特性的作用，从而能改变吸附剂的表面性质，提高活性炭对水中毒死蜱的吸附能力。分别配制10mmol/L 十六烷基三甲基溴化胺（HTAB）、溴代十六烷基吡啶（HPB）、四丁基溴化胺（TBAB）三种季铵阳离子表面活性剂溶液各500mL，依次加入5g活性炭，置于恒温振荡器中，30℃振荡24h。然后过滤，用去离子水洗去活性炭表面附着的表面活性剂，于60℃干燥8h，即得到季铵盐阳离子表面活性剂改性的活性炭。改性后，C—HPB、C—HTAB和C—TBAB对毒死蜱的平衡吸附量分别提高了1.0、1.1和2.5倍。

腐殖酸（HA）是一种天然产物，含有芳香核及羟基、羧基等多种活性官能团，具有亲芳香性、络合性，与醇或环氧化合物的反应活性，是一种极具应用前景的吸附剂。但HA在pH值高于3.5时会发生溶解，不能直接作为吸附剂。以腐殖酸酯（HAE）为原料，以缩水甘油醚进行化学改性，引入疏水性链，可制备具有结构稳定、易于回收、重复利用率高的疏水性吸附剂腐殖酸酯醚（HAEE）。称取0.02g HAEE样品于100mL具塞锥形瓶中，分别加入50mL以超纯水配置的30mol/L的草枯醚溶液，于20℃下恒温振荡吸附反应。HAEE对草枯醚的吸附在2.0h达到平衡，吸附量达63.09mg/g。采用二氯甲烷对HAEE进行5次再生后，其对草枯醚吸附能力能恢复82.28%。因此，可以将HAEE用于去除水中的草枯醚污染；还可以将HAEE作为钝化剂直接加入草枯醚污染土壤中，利用钝化草枯醚的生物活性阻止其向作物迁移，降低草枯醚对环境的毒害效应。

蒙脱土（MMT）属于硅酸盐类黏土，是典型的2∶1型层状晶体，它是由2层硅氧四面体和1层铝氧八面体通过共用氧原子所形成的一种层状结构的化合物。这些片层表面有过剩的负电荷，能够吸附阳离子，而MMT的端面带有可变电荷，在一定条件下又可吸附阴离子。双十二烷基二甲基溴化铵（DDAB）是一种双链的阳离子表面活性剂，它既有亲水基团又有疏水基团。选用 DDAB 为插层剂对钠基蒙脱土（Na-MMT）进行插层改性，因 DDAB 具有较长的烷基链，使得其易于进入 MMT 片层之间的纳米空间，能显著增加各片层之间的重复间距。有机改性后的 MMT 是很好的载体材料，可用于农药残留物的处理。

采用 2. 0CEC 当量的 DDAB 对 Na-MMT 进行改性，改性 MMT 的层间距由 1. 21nm 增加到 3. 64nm，其对啶虫脒的吸附明显优于 Na-MMT（见图 3-17），这是因为 DDAB 有机阳离子能通过离子交换作用进入 Na-MMT 片层，片层表面被长碳链所覆盖，从而使其由亲水性变为亲油性，增加了改性 MMT 与有机农药的亲和性。同时较长的烷基链在片层间以一定的方式排列，可使层间距增大，从而增大了 MMT 的比表面积，有利于聚合体或有机分子插层到片层中。

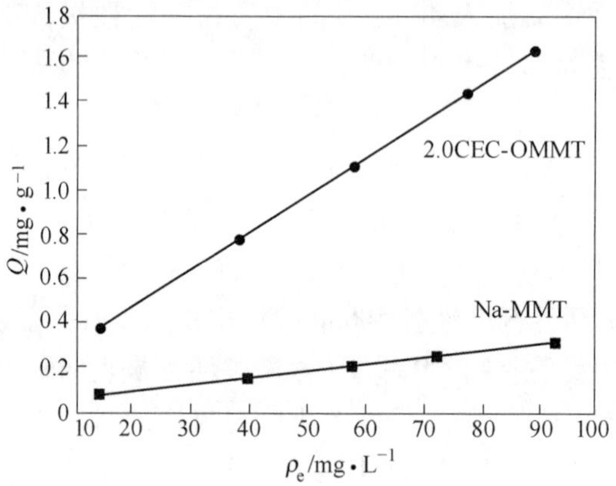

图 3-17　Na-MMT 和 2. 0CEC-OMMT 对啶虫脒的吸附等温线

自然条件下农作物皮壳、秸秆燃烧形成的草木灰，不仅是农用钾肥的替代品，对残存农药也有很好的吸附稳定化效果。西维因（N-甲基氨基甲酸 1-奈酯）是一种广谱性氨基甲酸酯类杀虫剂，敌草隆［3-(3,4-二氯苯基)-1,1′-二甲基脲］是一种常用的取代脲类除草剂，许多国家已将其列为优先控制污染物。西维因与敌草隆的理化参数（水溶解度、辛醇-水分配系数等）接近，但空间构型分属于平面型和非平面型分子。平面型分子西维因在草木灰上的吸附以简单的单层分配占主导，非平面型分子敌草隆在草木灰上的吸附以复杂的多层吸附占主导。西维因的 Freundlich 指数值（n）大于敌草隆，西维因在草木灰上的吸附线性分配份额大于敌草隆。

田间燃烧小麦或水稻秸秆产生的炭灰对除草剂敌草隆的吸附强度较土壤高 400~2500 倍，而且当土壤中添加这种炭灰后，对农药的吸附作用会大大提高。

土壤保水剂又称土壤保墒剂、抗蒸腾剂、贮肥蓄药剂，是一种具有三维网状结构的有机高分子聚合物。在土壤中能将雨水或灌溉水迅速吸收并保持，变为固态水而不流动、不渗失，长久保持局部恒湿，干旱时缓慢释放供植物利用。因此，保水剂的应用可有效改善农田土壤水分状况，提高水分和农药利用率。土壤保水剂的种类很多，其中聚丙烯酰胺（PAM）是目前应用较多的土壤改良剂之一，PAM 具有较好的抑制土壤水分蒸发的能力，能够改善土壤的结构和增加土壤中团聚体的稳定性，防止土壤结皮和流失、增加土壤的入渗率，减少地表径流。施用土壤改良剂（PAM、硫酸亚铁和硫酸铝）后，农业土壤和坡耕地土壤径流水中总磷和溶解性总磷显著降低。

3.4 农药残留物的化学分解

3.4.1 水解作用

水解作用是农药与水之间的重要反应。在反应中，农药的官能团 X^- 和水中的 OH^- 发生交换，整个反应可表示为

$$RX+H_2O \rightleftharpoons ROX+HX$$

反应步骤还可能包括一个或多个中间体的形成，农药通过水解反应而改变了原化合物的化学结构。对于许多农药来说，水解作用是其在环境中消失的重要途径。在环境条件下，可能发生水解的官能团类有烷基卤、酰胺、胺、氨基甲酸酯、羧酸酯、环氧化物、腈、膦酸酯、磷酸酯、磺酸酯、硫酸酯等。

水解速率与 pH 值有关。水解速率可表示为

$$R_H = K_h c = \{K_A[H^+] + K_N + K_B[OH^-]\}c$$

式中 K_A，K_B，K_N——分别为酸性催化、碱性催化和中性催化过程的二级反应水解速率常数；

K_h——在某一 pH 值下准一级反应水解速率常数，又可写为：

$$K_h = K_A[H^+] + K_N + K_B K_w/[H^+]$$

K_w——水的离子积常数。

表 3-5 列出了对有机官能团的酸、碱催化起重要作用的 pH 值范围。

表 3-5 对有机官能团的酸、碱催化起重要作用的 pH 值范围

种 类	酸催化	碱催化
有机卤化物	无	>11
环氧化物	3.8①	>10
脂肪酸酯	1.2~3.1	5.2~7.1①
芳香酸酯	3.9~5.2①	3.9~5.0②
酰胺	4.9~7①	4.9~7②
氨基甲酸酯	<2	6.2~9②
磷酸酯	2.8~3.6	2.5~3.6

①水环境 pH 值范围为 5~8，酸催化是主要的；②水环境 pH 值范围为 5~8，碱催化是主要的。

影响农药水解的因素很多，其中 pH 值和温度是影响农药水解的主要因素。

一般说来，杀虫剂较杀菌剂、除草剂和植物生长调节剂易于发生水解，有机磷酸酯类农药和氨基甲酸酯类农药的水解活性要高于有机氯类农药，一些拟除虫菊酯类农药也易发生水解反应。由于磺酰脲类除草剂的水溶性与 pH 值有关。因此溶液 pH 值直接影响磺酰脲类除草剂的水解。磺酰脲类化合物在酸性溶液中水解较快，而在中性条件下相对稳定；氯嘧磺隆在 45℃ 条件下的水解速率常数随着 pH 值增大而下降。水溶液的 pH 值对有机磷类农药的水解具有明显影响。毒死蜱在水体中的降解量与溶液 pH 值成正相关，pH 值越高，降解越快，如在 20℃ 、pH 值为 5 的去离子水和 pH 值为 9 的河水中，6d 降解率分别为 58. 4% 和 77. 2%。毒死蜱分子中有 3 个酯键，即 2 个第三位上的烃基酯键和 1 个磷酸酯键，有利于水解。

温度是影响农药水解的重要因素。一般来说，提高反应温度有利于水解的进行。温度每升高 10℃，农药的水解速率常数增加 2~3 倍。pH 值、水质、温度三个环境因素对毒死蜱在环境水体中降解影响的正交实验结果表明，三种因素对水体中毒死蜱降解的影响大小为温度>pH 值>水质。

土壤对一些农药的水解有吸附催化作用。吸附催化水解是有机磷农药在土壤中降解的主要途径。由于吸附催化作用，水解反应在土壤存在的体系中比在无土壤存在的体系中快。如硫代磷酸酯类农药地亚农在 pH 值为 6 条件下，于无土体系中每天水解 2%，而有土体系中，每天水解 11%，他们的水解产物是相同的。地亚农等硫代磷酸酯的水解反应如下：

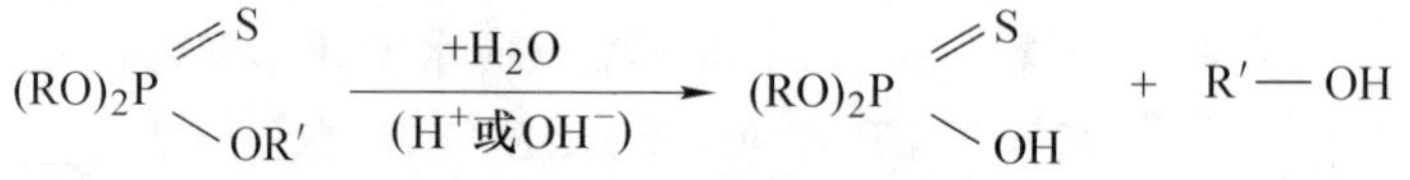

马拉硫磷在 pH 值为 7 的土壤体系中，水解半衰期为 6~8h；在 pH 值为 9 的无土体系中，水解半衰期为 20 天，其反应过程如下：

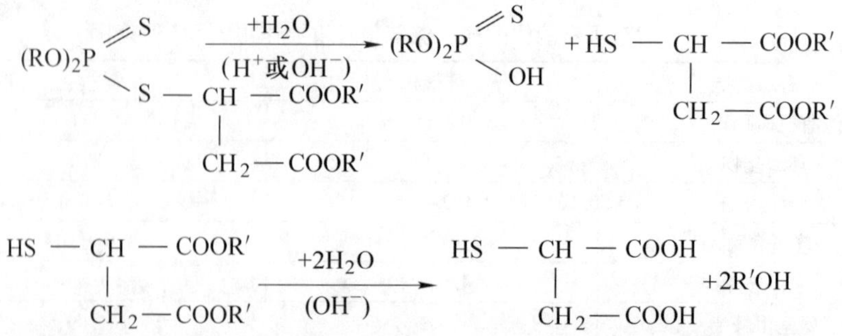

此外，磷酸酯类农药丁烯磷的水解也有类似情况，在 pH 值为 7 的土壤体系中，降解半衰期为 2h；在 pH 值为 6 的无土体系中，水解半衰期为 14d。

3.4.2 氧化分解

常用的化学氧化剂有高锰酸钾、次氯酸钠、过氧化氢和臭氧等，其对农药的氧化分解效果与农药的种类、反应的 pH 值密切相关。

不同 pH 值（4. 0、7. 0 和 10.0）条件下，高锰酸钾、次氯酸钠和过氧化氢对 4 种 100μg/L 农药（二嗪磷、马拉硫磷、精异丙甲草胺和西维因）的氧化去除效果如下：

（1）当使用高锰酸钾作为氧化剂氧化处理西维因和马拉硫磷时，在碱性条件下具有较好的降解效果，反应 20min 时降解率分别为 97%和 84%；而在酸性和中性条件下基本无降解去除效果。二嗪磷和精异丙甲草胺均不宜采用高锰酸钾氧化方式对其进行降解去除。

（2）马拉硫磷很容易被次氯酸钠氧化降解去除，且去除效果受溶液 pH 值的影响较小，在酸性条件下，次氯酸钠与马拉硫磷反应 10min 时，其降解率即接近 100%，中性和碱性条件下的反应速率略低。在碱性条件下次氯酸钠氧化降解二嗪磷和西维因的效果较好，碱性条件下西维因在 10min 即可达到 95%的降解率，而在酸性和中性条件下基本无降解效果。中性条件下二嗪磷的氧化降解效果不佳，酸性条件下二嗪磷基本无降解效果；精异丙甲草胺不适合采用次氯酸钠进行处理。

（3）过氧化氢作为氧化剂时，在碱性条件下对西维因和马拉硫磷的降解效果相对较好，10min 内即可完全降解，而在中性和酸性条件下未发现明显降解。过氧化氢只在中性和酸性条件下对二嗪磷具有一定的降解效果，反应 180 min 时降解率分别达 56%和 42%。精异丙甲草胺不宜采用过氧化氢对其进行氧化处理。

过氧化氢是常用的农药残留氧化分解剂之一，其突出的优点就是反应活性强，生成 H_2O 和 O_2 降解物无毒，过量使用也不会引发污染问题，被称为“最清洁”的化学品，常被应用于残留农药的降解，尤其是对有机磷农药降解作用更加明显，相比不加双氧水的处理降解率可提高 5~13 倍。

臭氧通常是以空气或氧气为气源，通过臭氧发生器在高压电晕放电的情况下产生的。根据 O_3 溶于废水氧化有机物的机理，可以分为直接反应及生成羟基自由基引发的链反应。当废水 pH 值小于 7 时主要是直接反应，即 O_3 选择性地氧化有机物；当水体 pH 值大于 7 时，O_3 自身分解加剧，自由基式链反应占主要地位，这种链反应也是一种高级氧化方法。臭氧氧化性较强，常用来进行杀菌消毒、除臭、除味、脱色等。臭氧处理水中残留农药的优点在于：

（1）臭氧可以与多种农药有机物迅速发生反应，包括有机氯农药、有机磷农药和酚类化合物等。

（2）臭氧氧化后的产物无毒且可生物降解。

(3) 废水中残存的臭氧最终分解为氧气，可增加水中的溶解氧，因此臭氧氧化后的废水排入自然水体后可以改善水体水质。

臭氧对含有不饱和键或活性芳环的有机磷农药有不同程度的氧化去除效果，臭氧氧化有机磷农药包括直接和间接两种途径，主要攻击分子中的磷硫双键，生成对应的氧化产物，若臭氧量充足，继续氧化成磷酸盐、碳酸盐等无机物。臭氧 *CT* 值为 1mg · min/L 时可有效去除高初始浓度（48~56μg/L）的敌敌畏；臭氧 *CT* 值为 2.3mg · min/L 时可有效去除低初始浓度（241~266μg/L）的乐果、750μg/L 左右的马拉硫磷和低初始浓度（78μg/L）的甲基对硫磷；*CT* 值升至 11.4mg · min/L 时，可去除中初始浓度（364~292μg/L）的乐果；*CT* 值升高至 17mg · min/L 时，可去除中初始浓度（114μg/L）的甲基对硫磷。

臭氧氧化与其他工艺组合可以显著提高农药残留物的去除效果。上海理工大学的俞海祥研究了臭氧协同超滤技术对微污染水体的净化效能。

实验用水为北方某地表水库水，实验原水水质：温度为 19~20.8℃，pH 值为 7.27~8.26，浊度 1.35~22.8NTU，嗅和味明显，COD_{Mn} 为 4.34~7.27mg/L，UV_{254} 0.044~0.122cm^{-1}；农药残留：六六六 4.18×10^{-4} mg/L，滴滴涕 8.75×10^{-5} mg/L。臭氧投加量控制在 2~3mg/L；臭氧接触柱及中间缓冲柱中的停留时间为 15~20min。

实验流程如图 3-18 所示。原水提升后进入高位水箱，恒位水箱控制后续单元的水位，臭氧发生器产生的臭氧经过射流器混合后，进入臭氧反应柱反应，经臭氧氧化的原水进入中间缓冲柱，超滤进水经加压泵注入膜池，经膜过滤后，产水由泵中间抽吸出水，过滤结束后，进行气水反冲洗。膜组件采用 PVDF 浸没式膜组件，过滤面积 35m^2，过滤周期为 40min，气-水冲洗 40s，反冲洗压力 0.15MPa。跨膜压差通过与抽吸泵连接的压力表来检测。

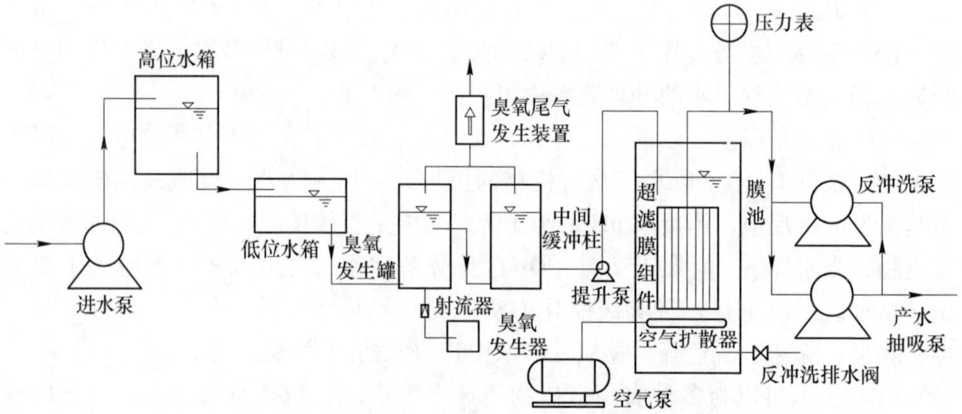

图 3-18　臭氧协同超滤中试装置

臭氧对超滤去除农药残留物的影响（见表3-6），实验结果表明，臭氧协同超滤作用对农药残留六六六和滴滴涕的去除分别达到了98.61%和98.40%，相比较于单独超滤系统的48.48%和77.66%，去除率分别提高了50.13%和20.74%；而臭氧氧化对六六六和滴滴涕的去除效果为98.73%和33.48%。对于六六六和滴滴涕的去除两者存在很大的差异，在臭氧协同超滤工艺中，臭氧氧化对六六六的去除效果显著，而滴滴涕的去除主要依靠超滤作用。臭氧协同超滤不仅提升了单独臭氧对滴滴涕的去除效果，同样也提高了单独超滤对六六六的净化效能。

表3-6 臭氧对超滤去除农药残留物的影响

项　　目		六六六	滴滴涕
原水浓度/mg·L^{-1}		0.1947×10^{-3}	0.5984×10^{-3}
超滤	出水浓度/mg·L^{-1}	0.1003×10^{-3}	0.1337×10^{-3}
	去除率/%	48.48	77.66
原水浓度/mg·L^{-1}		0.4180×10^{-3}	0.0875×10^{-3}
臭氧氧化	出水浓度/mg·L^{-1}	0.0053×10^{-3}	0.0582×10^{-3}
	去除率/%	98.73	33.48
臭氧氧化协同超滤	出水浓度/mg·L^{-1}	0.0058×10^{-3}	0.0014×10^{-3}
	去除率/%	98.61	98.40

3.4.3 光化学降解

在太阳辐射和紫外线照射下，大多数农药都会发生分解。下面以有机磷农药和除虫菊酯类农药为例，对农药的光化学降解进行详细论述。

3.4.3.1 有机磷农药的光化学降解

A 光化学降解的机理

太阳辐射和紫外线照射能引起有机磷农药中的磷脂键即P—O键和P—S键断裂而使农药分解。

在光降解有机磷农药的研究中，光催化降解和光催化氧化降解是近30年才发展起来的降解方法。对于光催化降解水溶液中有机物机理的解释，价带理论被公认为是最可靠的理论。以TiO_2为例，价带上空穴表现出很强的氧化势，而导带上电子则具有强的还原势，一方面产生的电子或空穴可以直接和吸附在半导体表面的有机污染物反应；另一方面光生电子和空穴还可以与吸附在TiO_2表面的有机物或水、溶解氧发生一系列反应，生成强氧化性的羟基自由基（·OH）或超氧离子（O_2^{2-}），羟基自由基反应可以用以下反应式描述：

$$TiO_2 + he \longrightarrow h^+ + e$$

$$H_2O + h^+ \longrightarrow \cdot OH + H^+$$

$$OH^- + h^+ \longrightarrow \cdot OH$$

$$O_2 + e \longrightarrow O_2^- \cdot + e \longrightarrow O_2^{2-}$$

羟基自由基是水中氧化剂反应活性最强的，可以氧化各种有机物，使许多通常情况下难以实现的反应在比较温和的条件下能够顺利进行。半导体 TiO_2在光催化中的作用类似于光解反应中敏化剂的作用，吸收光后在其表面形成电子-空穴对，从而形成强氧化环境，达到催化氧化的目的，而其本身不参加反应。农药的降解同其他有机污染物类似，结构中的碳环发生开环反应转化为碳链；碳链逐一被降解生成 CO_2，氨基（—NH_2）首先生成 NH_4^+，再被氧化为 NO_3^-，硫酸或硫酐磷酸酯中的 P、S 被氧化为 PO_4^{3-}、SO_4^{2-} 直至所有有机化合物均被降解转化为无机化合物。

B　光催化降解

纳米 TiO_2 作为一种新型的光催化剂，既具有较高的光催化活性，又具有价格便宜、来源广、在酸性条件下稳定、无毒等特点，因而纳米 TiO_2 广泛用于环境污染治理、废水处理以及农药降解等领域。

安定磷在辐射通量为 1.5×10^{17}p/s 时光降解达 98%需要 10min 的时间，而在辐射通量为 1.4×10^{16}p/s 时光降解达 98%则需要 30min 的时间，其光降解反应符合一级动力反应。

采用 TiO_2/beads 降解磷酸酯类农药，在 375W 中压汞灯照射 1.5h 后，400μmol/L 敌敌畏、久效磷的残留量均小于 10%，3.5h 后则完全降解。

模拟有机磷农药废水的浓度为 100μmol/L 甲胺磷和水胺硫磷，光照 2h 后降解率分别为 80%和 60%。

张新荣等人研究表明，采用附载型复合光催化剂 $TiO_2 \cdot SiO_2$/beads 降解敌百虫，用量为 8g/L 时，64μmol/L 敌百虫光照 80min 后完全降解。

利用掺杂 $ZnFe_2O_4$ 的纳米级 TiO_2 光催化剂对水溶液中乙酰甲胺磷农药进行降解，初始浓度为 1.0×10^4mol/L 的乙酰甲胺磷农药 3h 内的降解率可达 61.2%。

C　光催化氧化降解

臭氧（O_3）是光催化氧化降解中最主要也是最常用到的氧化剂。它有极强的氧化性，对于水中的农药残留具有较强的降解作用。利用臭氧对甲基对硫磷农药进行降解处理，当作用 20min、40min 和 80min 时，其所对应的降解率分别为 21.52%、46.11%和 57.84%。

3.4.3.2 拟除虫菊酯类农药的光降解

A 光照降解

当喷洒拟除虫菊酯后，该类农药会存在于植物表面、大气、土壤以及水体中，无论是残留在哪个界面上，均能在太阳光的辐射下进行降解反应，这是农药在环境中最直接也是最有效的降解方式。

自然光照下溴氰菊酯和氰戊菊酯的降解过程，遵循一级动力学规律。拟除虫菊酯类农药（相比于有机氯类农药）在自然光照下降解率高、半衰期短，有利于在作物中防治病虫害。

农药的太阳光降解，真正起作用的是太阳光的紫外部分（290~400nm），紫外光照射可以显著促进农药残留物的降解。借助紫外光对高效氯氰菊酯进行照射处理，照射10min，高效氯氰菊酯的降解率较太阳光提高10%。

B 紫外光催化降解

在紫外光照下多孔TiO_2可催化降解甲胺磷（MAP），光催化降解4h后，降解率达95%，降解产物为NO_3^-，PO_4^{3-}和SO_4^{2-}，降解符合一级动力学规律。在紫外光照下以TiO_2为催化剂催化降解沉积物上的呋喃丹农药，呋喃丹的光降解速率常数为2.9×10^{-3}/min。

C 拟除虫菊酯类农药光降解的影响因素

光降解效果与光照波长、pH值、氧气、溶剂等因素有关。

a 光照强度

光照波长即光的能量，它取决于分子的结构及化学键的键能。选定最佳的光照区域，有利于物质的降解。拟除虫菊酯类分子中的化学键的键能一般在波长380nm以下就发生断裂，其中C═O键与C—H键分别在164nm和280nm下断裂。联苯菊酯、氰戊菊酯以及氯氰菊酯的最佳光照波长分别为204nm、192nm、194nm。

b pH值

化学农药的稳定性不受酸碱度影响的品种很少。当农药发生光降解时，调整反应的pH值，可以改变光降解的反应速率。pH值对顺式氯氰菊酯（α-CPM）有较大影响，在pH值3~11范围内，α-CPM的光解速率随着pH值的增大而加快。

c 溶剂

拟除虫菊酯属于弱极性的大分子有机物，不同极性溶剂对其光降解有影响。顺式氯氰菊酯（α-CPM）在不同溶剂介质中的光化学降解速度有区别，在300W高压汞灯照射下，α-CPM在纯水、甲醇、无水乙醇、乙酸、丙酮、石油醚这6种溶剂中的光化学降解速度很快，并符合一级化学反应动力学规律；降解顺序为甲醇>乙醇>乙酸>石油醚>水>丙酮，说明溶剂的极性越强对α-CPM的光降解效果越好。

d 温度

温度是通过改变光化学降解速率影响农药降解的。根据范霍夫定律，温度每升高10℃，反应速率大约增加2~4倍。模拟自然光照下溴氰菊酯在10℃、15℃、20℃、25℃等4个温度下光降解的半衰期分别为3.38~13.08d、2.26~7.30d、1.79~3.82d、1.44~2.38d。

e 氧气

氧气可以在光照以及其他物质的作用下转化成氧自由基，从而起到氧化作用，加速农药的光化学氧化反应速率。

f 其他条件的影响

当农药进入水体、土壤环境介质中发生降解反应时会受到很多因素的制约，如农药、金属离子、腐殖质等，这些影响因素是导致理想实验与自然情况下降解效果差别的主要原因。

环境中不同农药之间存在着相互作用，这些作用在某种程度上可以改变化学反应的进程。在甲基1605、毒死蜱、乐果3种有机磷农药的存在下，4种拟除虫菊酯（胺菊酯、丙烯菊酯、甲醚菊酯、氯菊酯）的光解速率明显加快；甲基1605、毒死蜱、乐果分别能使拟除虫菊酯的光解速率提高20%~30%、10%~20%、0~10%；随着有机磷农药浓度的增加，拟除虫菊酯的光降解速率亦增大。同样，拟除虫菊酯类农药（胺菊酯和氯菊酯）的存在下，有机磷农药的光降解速率可提高20%~30%。

金属离子在有机反应中影响较大，一般情况下是作为化学反应的催化剂，但也存在一些例外。铜离子对不同环境中氯氰菊酯和高效氯氟氰菊酯光降解有影响，土壤中铜离子抑制拟除虫菊酯类农药的光降解，高效氯氟氰菊酯、氯氰菊酯的半衰期（$T_{1/2}$）分别从6.7d延长至6.8d、从8.1d延长至10.9d；水溶液中铜离子促进拟除虫菊酯类农药的光降解，三氟氯氰菊酯、氯氰菊酯的半衰期（$T_{1/2}$）分别从173.3min减少到115.5min、从115.5min减少到99.0min。

腐殖质是土壤中一种常见的物质，它能够影响进入到土壤中的化学物质的反应。在高压汞灯照射下，腐殖质的存在能提高氨基甲酸酯类、有机磷以及拟除虫菊酯类农药的光解速率，对光解反应起敏化作用。

3.4.3.3 其他农药的光降解

采用UV_{254}对4种100μg/L农药残留（二嗪磷、马拉硫磷、精异丙甲草胺和西维因）进行照射，四种农药在各自适宜的pH值条件下都有较好的降解效果。

马拉硫磷和精异丙甲草胺的氧化降解适合采用UV光照方式，UV光解精异丙甲草胺效果较好，溶液pH值对其降解率基本无影响；UV光解马拉硫磷效果略差于精异丙甲草胺，碱性条件（pH值为10.0）下90min时的降解率达90%以上，溶液pH值对其降解率影响较小。二嗪磷和西维因采用UV光照时的降解速率与溶液pH值存在显著关系，西维因在碱性条件（pH值为10.0）下90min时的降解率即可达90%以上；二嗪磷在酸性条件下（pH值为4.0）的降解效果最好，光照450min的降解率接近80%，在中性条件下降解效果略差，在碱性条件（pH值为10.0）下去除效果最差，光照450min的降解率低于10%。

FeO/F-TiO_2类Fenton-光催化剂可用于农药的可见光催化降解，称取0.005gFeO/F-TiO_2材料，加入盛有草枯醚的光反应瓶中，在可见光下（金属卤素灯，滤去420nm以下紫外光）进行光催化反应。反应10.0h时，其降解率达到98%以上。

采用缩水甘油醚对腐殖酸酯进行化学改性制备强疏水性的腐殖酸酯醚（HAEE）吸附材料，利用HAEE首先对环境中微、痕量草枯醚农药进行吸附富集，再利用类Fenton-光催化剂（FeO/F-TiO_2）在可见光下进行降解，反应10.0h，其降解率达到98%以上。

3.5 农药残留物的微生物降解

3.5.1 降解农药的微生物

降解农药的微生物有细菌、真菌、放线菌、藻类等，大多数来自土壤微生物类群。其中假单胞菌属是最活跃的菌株，对多种农药有分解作用。表3-7列举了主要的降解农药的微生物类别。

表3-7 降解农药的微生物类别

细菌	假单胞菌属、芽孢杆菌属、黄杆菌属、产检菌属、结细胞属、固氮极毛杆菌属、短杆菌属、枝动杆菌属、链球菌属、极瘤细菌属、八叠球菌属、硫杆菌属等
真菌	曲霉属、青霉属、根霉属、木霉属、镰刀菌属、交链菌属、头孢菌属、毛霉属、胶霉属、链孢霉属等
放线菌	诺卡氏菌属、放线菌属、小单胞菌属、高温放线菌属等
藻类	栅藻属、鬃杯属、小球藻属、念珠藻属、鱼腥藻属等

农药的种类繁多，而微生物的降解一般具有特异性，因此需要针对不同的农药品种进行降解性微生物的分离筛选，表3-8为经实验筛选得到的降解性微生物资源。

表 3-8　农药降解微生物资源

农药	降解菌	农药	降解菌
异丙隆	Sphingomonas sp. Y57	菊酯类除草剂	Rhodococcus sp. CDT3
	Sphingobium sp. YBL1，YBL2，BL3		Pesudomonas sp. PBM11
阿特拉津	Pseudomonas sp. SA1		Flavobacterium haoranii LQY-7
	Arthrobacter sp. AG1		Sphingobium wenxiniae JZ-1
磺酰脲类除草剂	Pseudomonas sp. SW4		Sphingobium faniae JZ-2
	Methylopila sp. S113	阿维菌素	Burkholderia cepacia-like GB-01
	Pseudomonas aeruginosa L36	灭多威	Paracoccus sp. mdw-1
	Ancyloacter sp. XJ-412-1	西维因	Sphingobium qiguonii X23
	Pseudomonas sp. LW3	扑虱灵	Pseudomonas sp. DFS35-4
氟磺胺草醚	Lysinibacillus sp. ZB-1	多菌灵	Rhodococcus sp. djl-6
咪草烟	Pseudomonas sp. IM-4		Rhodococcus jialingiae. djl-6-2
乳氟禾草灵	Brevundimonas sp. LY-2	孔雀石绿	Pseudomonas sp. MDB-1
精恶唑禾草灵	Rhodococcus sp. T1	百菌清	Lysobacter ruishenii CTN-1
酰胺类除草剂	Paracoccus sp. FLY-7		Pseudomonas sp. CTN-3
	Paracoccus sp. FLN-8		Ochrobactrum sp. CTN-11
	Catellibacterium caeni DCA-1	对硝基苯酚（PNP）	Pseudomonas sp. P3
有机磷类杀虫剂	Pseudomonas putida DLL-1		Pseudomonas sp. PDS-3
	Plesiomonas sp. M6		Pseudomonas putida. DLL-E4
	Stenotrophomonas sp. SMSP-1	邻硝基苯甲醛	Pseudomonas sp. ONBA-17
	Paracoccus sp. M-1	苯酚	Pseudomonas sp. PHD-1，PHD-3
	Paracoccus sp. L3		Ralstonia sp. PHD-2
	Paracoccus sp. Lgjj-3		Acinetobacter sp. PHD-4
	Ochrobactrum sp. DDV-1		Microbactium sp. PHD-5
	Burkholderia sp. FDS-1		Pseudomonas sp. PND-1，PND-2
	Sphingomonas sp. Dsp-2		Acinetobacter sp. PND-4，PND-5
	Delftia sp. XSP-1		Comamonas sp. PND-3
	Ochrobactrum sp. mp-4		Cupriavidus sp. PND-6
	Diaphorobacter sp. GS-1		Comamonas sp. PND-3，PND-6
	Arthrobacter sp. sc1-2	联苯	Achromobacter sp. BP3
	Luteibacter jiangsuensis JW-64-1	菲	Sphingobium sp. 2F5-2
六六六	Sphingomonas sp. BHC-A	3，5，6-三氯-2-吡啶	Ralstonia sp. T6
甲氰菊酯	Sphingobium sp. JQIA-5		

3.5.2 微生物降解农药的途径与机理

细菌降解农药的本质是酶促反应，即化合物通过一定的方式进入细菌体内，然后在各种酶作用下，经过一系列的生化反应，最终将农药完全降解或分解成分子量较小的无毒或毒性较小化合物的过程。如假单胞菌 ADP 菌株以莠去津为唯一碳源，有 3 种酶参与了降解莠去津的前几步反应。首先是 A tzA 酶催化莠去津水解脱氯的反应，得到无毒的羟基莠去津，该酶是莠去津生物降解的关键酶；其次是 A tzB 酶催化羟基莠去津脱氯氨基反应，产生 N-异丙基氰尿酰胺；第 3 步是 A tzC 酶催化 N-异丙基氰尿酰胺生成氰尿酸和异丙胺；最终莠去津被降解为 CO_2 和 NH_3。

目前对于各种杀虫剂的微生物降解途径已比较清楚，表 3-9 列举了几种主要的降解途径。

表 3-9 微生物降解农药的主要途径

降解途径	作用机理	适用对象
水解作用	在微生物作用下，酯键和酰胺键水解，使得农药脱毒	如马拉硫磷，敌稗；毒死蜱等
脱卤作用	卤代烃类杀虫剂，在脱卤酶的作用下，其取代基上的卤被 H、羧基等取代，从而失去毒性	如 DDT 降解变为 DDE；二氯苯等
氧化作用	微生物通过合成氧化酶，使分子氧进入有机分子，尤其是带有芳香环的有机分子中，插入 1 个羟基或形成 1 个环氧化物	如多菌灵与 2，4-滴
硝基还原	在微生物的作用下，农药中的 $-NO_2$ 转变为 NH_2	如 2，4-二硝基酚，其降解产物为 2-氨基-4-硝基酚和 4-氨基-2-硝基酚；对硫磷转为氨基对硫磷；2，4-二硝基酚
甲基化	有毒酚类加入甲基使其钝化	如四氯酚、五氯酚
去甲基化	含有甲基或其他烃基，与 N、O、S 相连，脱去这些基团转为无毒	如敌草隆的降解即脱去两个 N-甲基；苯脲
去氨基	脱氨无毒	如醚草通、莠去津

由于降解酶往往比产生该类酶的微生物菌体更能忍受异常环境条件，酶的降解效率远高于微生物本身，所以利用降解酶可以作为净化农药污染的有效手段。但是，降解酶在土壤中容易受非生物变性、土壤吸附等作用而失活，难以长时间保持降解活性，并且酶在土壤中的移动性差等因素，限制了降解酶在实际中的应用。试验已经证明，编码合成这些酶系的基因多数在质粒上，如 2，4-滴的生物降解，即由质粒携带的基因所控制，通过质粒上的基因与染色体上的基因的共同作用，在微生物体内将农药降解。

3.5.3 影响微生物降解农药的因素

3.5.3.1 微生物自身的影响

微生物的种类、代谢活性、适应性等都直接影响到对农药的降解与转化。不同的微生物种类或同一种类的不同菌株对同一有机底物或有毒金属的反应都不同。

微生物具有较强的适应和被驯化的能力，通过一定的适应过程，新的化合物能诱导微生物产生相应的酶系来降解，或通过基因突变等建立新的酶系来降解。真菌的代谢方式十分特殊，真菌细胞通过分泌胞外酶将潜在的食物分解，然后再吸收进入细胞，具有很强的分解能力。其中，白腐真菌对很多有毒污染物具有降解转化作用，为生物降解开拓了一条新的途径。白腐真菌的特异耐毒性，使其对毒性大的有机氯化物（如滴滴涕、林丹、氯丹等）也具有广谱降解能力。

3.5.3.2 农药结构的影响

农药化合物的相对分子质量、空间结构、取代基的种类及数量等都影响到微生物对其降解的难易程度。不同化学结构的农药，生物降解性由易到难依次为脂肪酸类、有机磷酸盐类、长链苯氧基脂肪酸类、短链苯氧基脂肪酸类、单基取代苯氧基脂肪酸类、三基取代苯氧基脂肪酸类、二硝基苯类、氯代烃类。

一般情况下，高分子化合物比低分子量化合物难降解，聚合物、复合物更能抗生物降解，空间结构简单的比结构复杂的容易降解，易溶于水的农药比难溶于水的农药易降解。

例如，凡是苯环上有—OH 或—NH_2 的化合物都比较容易被假单胞菌 WBC-3所降解，这与苯环的降解通常先羟化再开环的原理一致。微生物只能降解特定结构的农药，所以农药结构决定降解该农药的微生物种类，只有对污染环境农药的结构充分了解，才能有效地对其进行生物降解。

3.5.3.3 环境因素的影响

环境因素包括温度、酸碱度、营养、氧、底物浓度、表面活性剂等。

利用假单胞菌 Pseudomonas spinosa、P. aeruginosa 和 B urkholderiacepacia 降解硫丹时，最佳温度为 30℃，最佳 pH 值为 8.0。利用微生物降解敌草隆时，其好氧降解为 60%，降解产物为 DCA，厌氧降解则超过 95%，降解产物为 DCPU。芳香基化合物在土壤中和堆肥中被细菌 Ralstonia 和 Pickettii 降解及矿化时，在土壤水分适宜的条件下，非离子型表面活性剂吐温 80 可增强微生物对芳香基化合物的利用率。堆肥与被多环芳烃污染的土壤混合的情况下，堆肥中有机基质含量对于农药降解的作用要大于堆肥中生物的含量对于农药降解的作用；营养对于以共代谢作用降解农药的微生物更加重要，因为微生物在以共代谢的方式降解农药时，并不产生能量，需其他的碳源和能源物质补充能量。

3.5.4 几类典型农药的微生物降解

3.5.4.1 有机磷农药的微生物降解

土壤微生物对有机磷农药的降解作用是治理土壤农药污染之重要手段，微生物降解土壤中有机磷农药具有费用低、环境影响小等优点，利用微生物及其降解酶是消除有机磷农药污染颇为有效的途径。部分农药降解菌及其降解有机磷农药种类见表 3-10。

表 3-10 部分农药降解菌及其降解有机磷农药种类

微生物种类		降解农药名称
细菌	假单胞菌属	甲胺磷、马拉硫磷、二嗪磷、甲拌磷、敌敌畏、对硫磷、甲基对硫磷、辛硫磷、杀螟硫磷、乐果
	芽孢杆菌属	苯硫磷、对硫磷、甲基对硫磷、甲胺磷、敌敌畏、乐果、杀螟硫磷
	节细胞属	马拉硫磷、二嗪磷
	黄杆菌属	对硫磷、甲基对硫磷、马拉硫磷、二嗪农、毒死蜱、甲胺磷
	产碱杆菌属	对硫磷、甲基对硫磷
	固氮极毛杆菌属	对硫磷、毒死蜱
	短杆菌属	对硫磷、甲基对硫磷
	极瘤细菌属	马拉硫磷、对硫磷
	硫杆菌属	甲拌磷
	不动杆菌属	甲胺磷、甲基对硫磷、三唑磷、对硫磷、敌敌畏
真菌	曲霉属	敌百虫、溴硫磷、地虫磷、甲胺磷、乐果、对硫磷、马拉硫磷、氧化乐果
	青霉属	地虫磷、对硫磷、敌百虫
	根霉属	地虫磷、溴硫磷
	木霉属	敌敌畏、对硫磷、马拉硫磷
	镰刀菌属 Fusarium	敌百虫
	毛霉属	氧化乐果
	酵母属	甲胺磷
放线菌	链霉菌属	马拉硫磷、乐果
藻类	小球绿藻属	甲拌磷、对硫磷

有机磷农药含有3个磷脂键，一般分为两种类型：一种是磷通过双键与氧结合（P＝O），如甲胺磷、氧化乐果、敌敌畏等；另一种是磷通过双键与硫结合（P＝S），如对硫磷、甲基对硫磷、辛硫磷、水胺硫磷、毒死蜱等。由于四配位化合物中磷原子的5个价电子都参与成键，有空的d轨道，易被亲核试剂攻击。如果3个磷脂键中的一个磷脂键被水解，其毒性将大大降低，有机磷降解酶能够通过破坏有机磷农药的磷脂键而使其脱毒。

环境因子如土壤的pH值、温度、含水量、溶氧量、盐度、有机质含量、黏度及气候条件等均影响微生物对农药的降解。其中，土壤pH值对降解影响相对较大，不仅影响微生物降解酶的活性，同时也影响农药的化学降解。

有机磷农药的生物降解主要是通过微生物、降解酶、工程菌来进行。

A　微生物降解

降解农药残留的微生物种类主要有细菌、真菌、放线菌、藻类等，主要是通过其分泌酶经过氧化、还原、水解、环裂解、缩合、脱卤、脱羧、甲基化等途径完成酶促降解。

微生物对有机磷农药的作用方式可分为两类。

一类是微生物直接作用于有机磷农药，其实质是酶促反应。主要是微生物本身含有可降解该农药的酶系基因，能产生降解有机磷农药的降解酶或是微生物的基因发生重组或改变，产生新的降解酶系。有机磷农药中所含有的P—O键、P—S键以及P—N键等在降解酶作用下发生断裂，使有机磷农药被降解。

另一类是通过微生物的活动改变化学和物理的环境，而间接作用于有机磷农药使其发生降解。常见的作用方式有3种：

（1）矿化作用。指微生物直接以有机磷农药作为生长基质，将其完全分解成无机物如CO_2和H_2O等的过程。矿化作用是最理想的降解方式，因为农药被完全降解成无毒的无机物。

（2）共代谢作用。指微生物在有其可利用的碳源存在时，对其原来不能利用的物质也可分解代谢的现象。共代谢反应中产生的既能代谢转化生长基质又能代谢转化目标污染物的非专一性酶，是微生物共代谢反应的关键。

（3）种间协同代谢。指同一环境中的几种微生物联合代谢某种有机磷农药。有时单一微生物无法完成对有机磷的降解，需要其他菌种将其代谢产物进行进一步降解。因而在这种情况下，培养混合菌是一种可行的解决问题的方法。

B　降解酶降解

从微生物中分离提取的农药降解酶多为有机磷农药降解酶，其中最多的种类为水解酶，如对硫磷水解酶、有机磷酸脱水酶（organophosphorus acid anhydorase，OPAA）、B-5水解酶、磷酸三酯酶、乙基对硫磷水解酶（organophosphatehy drolase，OPH）等。

降解酶往往比产生这类酶的微生物菌体更能耐受异常环境条件，降解酶不存在碳源的选择问题，酶的降解效果远胜于微生物本身。各种有机磷农药都有类似的结构，只是取代基不同，所以一种有机磷农药降解酶往往可降解多种有机磷农药。

C 工程菌降解

近年来随着分子生物学及基因工程的发展，农药降解酶基因工程的研究也取得了一定的进展。构建具有降解有机磷农药能力的工程菌主要是通过对有机磷水解酶进行遗传改造，目前较为广泛的有两种方法：一方面是将几种有机磷降解酶的基因同时转入到同一个表达载体，使该工程菌能够同时编码几种有机磷降解酶，扩大它对有机磷农药的降解谱。另一方面，可以通过蛋白质工程手段对活性蛋白的一个或多个氨基酸的编码基因进行定点突变或运用体外分子定向进化技术促进编码基因在体外进化，使降解酶的结构发生变化，积累有益突变，排除有害突变和中性突变，进而提高酶的降解能力。

3.5.4.2 拟除虫菊酯类农药及其中间产物3-苯氧基苯甲酸的微生物降解

A 拟除虫菊酯类农药的微生物降解

20世纪80年代，随着高毒品种农药被禁用，拟除虫菊酯类农药以其低毒、触杀作用强等特点被广泛应用，其化学结构、生物活性类似于天然的除虫菊酯。此类农药具有性质稳定、不易光解、安全系数较高、用量低、药效高、杀虫谱广等优点，而且杀虫活性比老一代杀虫剂（有机氯、有机磷、氨基甲酸酯类等）提高10~100倍，已成为农用及卫生杀虫剂的主要支柱产品之一。该农药又具有化学性质稳定、不易光解、残留期长等特点，其残留问题也越来越严重，对生态系统及人类自身有严重危害。拟除虫菊酯可通过喷雾漂移、降雨降尘、地表径流及农田排水等多种途径在水体中汇集，对鱼类等水生生物有高毒性，某些拟除虫菊酯农药还具有神经毒性、生殖毒性等。同时，高剂量或低剂量长期暴露也会对人体健康构成危害，对人体的神经系统、免疫系统及心血管等具有中等毒性。

具有降解拟除虫菊酯类农药的菌株主要为27个属，其中细菌17属：假单胞菌属（Pseudomonas）、芽孢杆菌属（Bacillus）、鞘氨醇单胞菌属（Sphingomonas）、沙雷氏菌属（Serratia）、肠杆菌属（Enterobacter）、气单胞菌属（Aeromonas）、欧文氏菌属（Erwinia）、耶尔森菌属（Yersinia）、寡养单胞菌属（Stenotrophomonas）、克雷伯菌属（Klebsiella）、无色杆菌属（Achromobacter）、产碱菌属（Alcaligenes）、酸单胞菌属（Acidomonas）、弗拉特氏菌属（Frateuria）、微球菌属（Micrococcus）、库特氏菌属（Kurthia）、中华根瘤菌属（Sinorhizobium）；真菌5属：曲霉属（Aspergillus）、木霉菌属（Trichoderma）、白腐菌属（Phanerochaete）、镰孢霉属（Fusarium sp.）、毛链孢属（Monilochaetes）；放线菌5属：链轮丝菌属（Streptoverticillium baldacci）、链霉菌属（Streptomyces）、诺卡氏菌属（Nocardia Trevisan）、红球

菌属（Rhodococcus）、戈登氏菌属（Gordonia）。

目前所发现的大多数微生物降解只针对一种或少数几种菊酯农药，并且大多数拟除虫菊酯类降解菌对高浓度农药的适应性较差，降解速率较慢，而且很多农药降解菌不能完全矿化拟除虫菊酯类农药，限制了其实际应用。

微生物所分泌的酶对拟除虫菊酯类农药的降解过程首先是对羧酸脂键的特异性切断，生成两个较小的羧酸和醇，随后进一步氧化、脱氢，生成毒性较小或者无毒的化合物。但不能完全降解农药，这主要是因为大部分拟除虫菊酯农药在环境中转化生成了毒性更大的中间产物，如3-苯氧基苯甲酸，该降解产物能抑制微生物生长，从而导致降解中断。

B 中间产物3-苯氧基苯甲酸的微生物降解

3-苯氧基苯甲酸（3-phenoxybenzoic acid，3-PBA）是大多数拟除虫菊酯类农药降解的主要中间产物之一。与拟除虫菊酯类农药相比，3-PBA结构更为稳定，自然条件下难以降解，其半衰期远超过拟除虫菊酯类农药。3-PBA在造成农产品二次污染的同时，也导致拟除虫菊酯类农药生物矿化作用受阻，从而阻断了该类农药彻底转化为无毒小分子物质的生物降解途径，间接地使农产品或食品中农药残留问题更加严峻，严重制约了我国现代农业的可持续发展。

表3-11列出近年来国内外已经分离得到的3-PBA降解菌。3-PBA降解菌的菌源主要是土壤和污泥，其种类尤以假单胞菌属为主，能降解3-PBA的真菌及放线菌相对较少。现阶段对生物降解3-PBA的研究还停留在降解菌筛选及降解特性等方面。

表3-11 部分降解3-PBA的微生物

菌株类型	菌株属	菌株	培养时间（h）-3-PB-浓度 /mg·L^{-1}-降解率/%	降解方式	菌株来源
细菌	Pseudomonas	POB310	—	单一碳来源（矿化）	土壤
		ET1	$(2.6\pm0.9)\times10^{-13}$ /g·(cell·h)$^{-1}$	共代谢	土壤
		PBM11	24-200-100	单一碳来源（矿化）	农药厂污泥
	Sphingobium	BA3	60-100-99	单一碳来源（矿化）	石油污染土壤
	Ochrobactrum	DG-S-01	216-100-84.7	单一碳来源（矿化）	活性污泥
	Bacillus cereus	SM3	—	单一碳来源（矿化）	土壤
	Bacillus	DG-02	72-50-95.6	单一碳来源（矿化）	土壤
	Sphingomonas	SC-1	24-300-100	单一碳来源（矿化）	农药厂污泥
真菌	Aspergillus aryzae	M4	72-100-80.1	共代谢	酱油曲
	Aspergillus niger	YAT1	22-100-100	共代谢	茶砖
	Eurotium cristatum	ET1	168-100-100	共代谢	茶砖
放线菌	Streptomyces	HP-S-01	240-50-73.1	单一碳来源（矿化）	活性污泥

目前，关于微生物修复被拟除虫菊酯及其中间产物3-PBA污染环境的研究较少。有研究表明，将氯氰菊酯降解菌 Bacillus licheniformis B-1 和 3-PBA 降解菌 Sphingomonas sp. SC-1 协同作用于被氯氰菊酯污染的土壤，菌株对氯氰菊酯的降解率得到了提高，但土壤中氯氰菊酯的半衰期（11.34d）较培养基中半衰期（35.1h）更长；有研究者将 3-PBA 降解菌 DG-02 作用于被 3-PBA 污染的土壤（50mg/L），15d 内 3-PBA 降解率达 95.2%，但是在基础盐培养基中相同浓度的 3-PBA 在 72h 内仅被降解 95.6%。被 3-PBA 污染的环境（如土壤，水体）中的组成成分、土著微生物及影响因素更加复杂，且难以控制，都可能导致 3-PBA 的降解菌株应用于被 3-PBA 污染的环境时，由于一些不可抗力导致对 3-PBA 降解率降低。

协同降解模式是消除难降解有机物的一种有效方法，可以弥补共代谢作用的不足，对拟除虫菊酯及其中间产物 3-PBA 的生物降解具有重要意义。有研究表明，将 3-PBA 降解菌 PBM11 与氯氰菊酯降解菌 CDT3 共同培养，在 CDT3 降解氯氰菊酯的同时菌株 PBM11 迅速将氯氰菊酯代谢产生的 3-PBA 降解，解除了 3-PBA 对菌株 CDT3 的抑制作用，加快了氯氰菊酯的降解速率，消除了 3-PBA 的残留。也有文献报道，将氯氰菊酯降解菌 Bacilluslicheniformis B-1 和 3-PBA 降解菌 Sphingomonas sp. SC-1 协同作用于氯氰菊酯及其中间产物 3-PBA，两菌种以 3.3∶6.7 的比例接种于含 100mg/L 氯氰菊酯的 LB 培养基中（B-1 接种 24h 后接种 SC-1），氯氰菊酯的半衰期从 71.90h（只接种 B-1）降低到 35.71h，在土壤环境中，氯氰菊酯半衰期从 19.86d（只接种 B-1）降低到 11.34d。

3.5.4.3 三唑类杀菌剂的微生物降解

三唑类杀菌剂是一类由咪唑环、羟基（酮基）及取代苄基等构成的广谱、内吸性杀菌剂，多数三唑类杀菌剂具有一个手性中心，属于手性农药，其结构通式如图 3-19 所示。

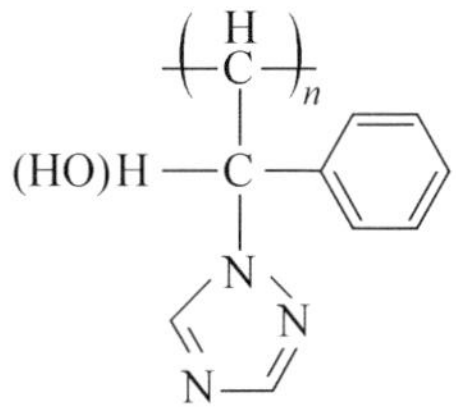

图 3-19 三唑类杀菌剂的典型结构

近 20 年来，三唑类杀菌剂因其高效、低毒的特性而得到了较为广泛的应用，主要用于由锈菌、白粉菌、担子菌、子囊菌、半知菌等引起的动植物真菌病害的防治，是目前全球第二大杀菌剂品种，常用品种主要有戊唑醇（tebuconazole）、丙环唑（propiconazole）、苯醚甲环唑（difenoconazole）、氟环唑（epoxiconazole）、灭菌唑（triticonazole）、四氟咪唑（tetraconazole）、氟硅唑（flusilazole）和粉唑醇（flutriafol）等。

三唑类杀菌剂的大量使用对保障农业增产增收起了重要作用，但由于其在土壤中残留期较长，对土壤生态系统和农产品质量安全存在潜在的危害。生物修复作为一种高效、绿色的土壤原位修复方法正越来越受到人们的青睐。目前已报道的可降解三唑类杀菌剂的微生物类群主要有细菌、真菌和放线菌（见表 3-12）。

表 3-12　三唑类杀菌剂降解菌

微生物分类	菌株（Bacterial strain）	农　药
细菌	荧光假单胞菌（Pseudomonas fluorescens）	戊唑醇
	恶臭假单胞菌（Pseudomonas putida）	丙环唑
	剑菌属（Ensifer sp）	苯醚甲环唑
	克雷伯氏菌属（Klebsiella sp）	氧唑类唑菌胺酯
	假单胞菌属（Pseudomonas sp）	多效唑
真菌	变色栓菌（Trametes versicolor）	戊唑醇丙环唑
	癞拟层孔菌（Fomitopsis palustris）	戊唑醇
	褐腐菌（Meruliporia incrassate）	戊唑醇
	哈茨木菌（Trichoderma harzianum）	
	球毛壳菌（Chaeromium globosum）	
放线菌	北里孢菌属（Kitasatospora sp）	种菌唑
	链霉菌属（Streptomyces sp）	

3.5.4.4　硫丹的生物降解

硫丹是一种高效广谱有机氯杀虫剂，应用于各种农作物已有 30 年的时间。硫丹具有胃毒、触杀和熏蒸作用，主要用于棉花、果树、蔬菜、烟草、茶树等多种作物，防治棉铃虫、蚜虫等多种咀嚼式和刺吸式害虫的工业硫丹是由 α-硫丹和 β-硫丹按照 7∶3 的比例混合而成。由于它对棉铃虫等农作物害虫具有良好的杀虫效果，且难以用其他农药代替，因此被广泛应用。硫丹具有高毒性、持久性、生物累积性和迁移性，目前已造成了土壤和水资源的大面积污染，严重威胁着人类和动物的健康。我国已将硫丹列为即将禁止使用的农药，自 2018 年 7 月 1 日起，撤销农药登记证；自 2019 年 3 月 27 日起，禁止在农业上使用。

硫丹降解真菌和细菌有 Pseudomonasaeruginosa、Klebsiella oxytoca KE-8、P. spinosa、P. aeruginosa、Burkholderia cepacia、Aspergillusterreus、Cladosporium oxysporum、Pleurotuspulmonarius、Phanerochaete chrysosporium、Chaetosartorya stromatoides、Aspergillus terricola、A. terreus、Mycobacterium ESD、Bordetella sp. B9、Ochrobacterum sp. C7 等。其中，菌株 Pseudomona aeruginosa、P. spinosa、P. aeruginosa、Burkholderia cepacia、Chaetosartorya stromatoides，A. terricola、A. terreus 等能利用硫丹作为唯一硫源进行生长，菌株 K. oxytoca KE-8、B. sp. B9、O. sp. C7 等能利用硫丹作为唯一的碳源进行生长。

微生物降解硫丹主要通过两条途径：

（1）氧化途径，即硫丹经过氧化生成硫丹硫酸酯。菌株 K. oxytoca KE-8 能同时降解硫丹和硫丹硫酸酯，KE-8 能在 6d 的时间内能将 176mg/L 的硫丹硫酸酯降解 61%，其代谢产物为硫丹二醇。

（2）水解途径，主要指在碱性条件下，硫丹经水解生成硫丹二醇。通过水解途径生成的硫丹二醇可以进一步被降解成硫丹单醛、硫丹醚和硫丹内酯等。有的微生物对硫丹的降解也可能同时存在氧化和水解两种途径。

3.5.5 农药微生物降解的新技术和新方法

3.5.5.1 固定化微生物技术

自 20 世纪 70 年代后期以来，固定化微生物的研究迅速发展，其应用范围很广。用蜂窝状航空陶瓷包埋固定无色杆菌 Achromobacter sp.，制成流动床来降解 2，4-滴，去除率达 87.9%～100%。由于固定化细胞对底物和氧气扩散有阻碍，使细胞酶活性降低，通过基因工程手段制备高效工程菌是解决该问题的关键。有研究者克隆抗性库蚊酯酶基因并在大肠杆菌中高效表达，用海藻酸钠包埋固定此工程菌，并处理有机氯农药三氯杀虫酯和菊酯类农药溴氰菊酯，结果表明，固定化工程菌能高效降解这两种农药。

3.5.5.2 农药降解酶制剂的研制及应用

如果用微生物产生的酶来处理农药残留而不是直接使用微生物菌株，那么对环境造成威胁或潜在威胁的风险即可降低。一些酶比产生这类酶的微生物菌体更能忍受变异的环境条件，如对硫磷水解酶可耐受高达 10% 的盐浓度和 50℃ 的温度，而产生这种酶的假单胞菌在这种条件下却不能生长。固化酶对环境条件有较宽的忍受范围，可用于农药及类似结构的环境污染物的净化。用降解酶净化农药具有良好的效果，能否应用取决于稳定性及固定化技术的实用性，降解酶的获得可通过生物技术对降解农药的基因进行克隆、基因的高效表达来实现。

3.5.5.3 降解基因的克隆、表达及基因工程菌的构建

分子生物学的迅猛发展为农药降解菌从实验室走向实际应用提供了可能。人们寄希望通过基因工程技术将农药降解酶基因或降解质粒克隆到合适的宿主菌中并使其高效表达，构建“高效农药降解菌”，为农药的微生物降解开辟一条新途径。这一领域已成为当今环境生物技术的研究热点之一，也是今后工作的重点。如，除草剂2，4-滴降解质粒、莠去津降解酶基因等已成功地克隆表达。

附　录

附录 1　农药使用环境安全技术导则（HJ 556—2010）

（部分摘录）

4　农药环境安全使用原则

4.1　保护环境原则

遵循“预防为主、综合防治”的环保方针，不宜使用剧毒农药、持久性类农药，减少使用高毒农药、长残留农药，使用安全、高效、环保的农药，鼓励推行生物防治技术。保护有益生物和珍稀物种，维持生态系统的平衡。

4.2　科学用药原则

农药使用应遵守 GB 8321 的有关规定，并按照农药产品标签和说明书中规定的用途、使用技术与方法等科学施用。

5　防止污染环境的技术措施

5.1　防止污染土壤的技术措施

5.1.1　根据土壤类型、作物生长特性、生态环境及气候特征，合理选择农药品种，减少农药在土壤中的残留。

5.1.2　节制用药。结合病虫草害发生情况，科学控制农药使用量、使用频率、使用周期等，减少进入土壤的农药总量。

5.1.3　改变耕作制度，提高土壤自净能力。采用土地轮休、水旱轮换、深耕暴晒、施用有机肥料等农业措施，提高土壤对农药的环境容量。

5.1.4　科学利用生物技术，加快农药安全降解。施用具有农药降解功能的微生物菌剂，促进土壤中残留农药的降解。

5.2　防止污染地下水的技术措施

5.2.1　具有以下性质的农药品种易对地下水产生污染：水溶性>30mg/L、土壤降解半衰期>3 个月、在土壤中极易移动、易淋溶的农药品种。

5.2.2 地下水位小于1m的地区，淋溶性或半淋溶性土壤地区，或年降雨量较大的地区，不宜使用水溶性大、难降解、易淋溶、水中持留性很稳定的农药品种。

5.2.3 根据土壤性质施药。渗水性强的砂土或砂壤土不宜使用水溶性大、易淋溶的农药品种，使用脂溶性或缓释性农药品种时，也应减少用药种类、用药量和用药次数。

5.2.4 实施覆水灌溉时，应避免用水溶性大、水中持留性很稳定的农药品种。

5.3 防止污染地表水的技术措施

5.3.1 具有以下性质的农药品种易对地表水产生污染：水溶性>30mg/L、吸附系数 $K_d<5$、在土壤中极易移动、水中持留性很稳定的农药品种。

5.3.2 地表水网密集区、水产养殖等渔业水域、娱乐用水区等地区的种植区，不宜使用易移动、难吸附、水中持留性很稳定的农药品种。

5.3.3 加强田间农艺管理措施。不宜雨前施药或施药后排水，减少含药浓度较高的田水排入地表水体。

5.3.4 农田排水不应直接进入饮用水源水体。避免在小溪、河流或池塘等水源中清洗施药器械；清洗过施药器械的水不应倾倒入饮用水水源、渔业水域、居民点等地。

5.4 防止危害非靶标生物的技术措施

5.4.1 根据不同的土壤特性、气候及灌溉条件等选用不同的除草剂品种。含氯磺隆、甲磺隆的农药产品宜在长江流域及其以南地区的酸性土壤（pH<7）稻麦轮作区的小麦田使用。

5.4.2 含有氯磺隆、甲磺隆、胺苯磺隆、氯嘧磺隆、单嘧磺隆等有效成分的除草剂品种，按照NY 686等相关标准和规定正确使用。

5.4.3 调整种植结构，采用适宜的轮作制度，合理安排后茬作物。对使用长残效除草剂品种及添加其有效成分混合制剂的地块，不宜在残效期内种植敏感作物。

5.4.4 鼓励使用有机肥，接种有效微生物，加速土壤中杀虫剂和除草剂的降解速度，减少对后茬作物的危害影响。

5.4.5 灭生性除草剂用于农田附近铁路、公路、仓库、森林防火道等地除草时，选择合理农药品种，采用适当的施药技术，建立安全隔离带。

5.5 防止危害有益生物的技术措施

5.5.1 使用农药应当注意保护有益生物和珍稀物种。

5.5.2 对水生生物剧毒、高毒，和（或）生物富集性高的农药品种，不宜在水产养殖塘及其附近区域或其他需要保护水环境地区使用。在农田和受保护的水体之间建立缓冲带，减少农药因漂移、扩散、流失等进入水体。
5.5.3 对鸟类高毒的农药品种，不宜在鸟类自然保护区及其附近区域或其他需要保护鸟类的地区使用。使用农药种子包衣剂或颗粒剂时，应用土壤完全覆盖，防止鸟类摄食中毒。
5.5.4 对蜜蜂剧毒、高毒的农药品种，不宜在农田作物（如油菜、紫云英等）、果树（枣、枇杷等）和行道树（洋槐树、椴树等）等蜜源植物花期时施用。
5.5.5 对蚕剧毒、高毒的农药品种，不宜在蚕室内或蚕具消毒、蚕病防治时使用。配制农药不宜在蚕舍、桑田附近进行，施药农田与蚕舍、桑园间建立安全隔离带，隔离带内避免农药使用。

6　防止污染环境的管理措施

6.1　防止农药使用污染环境的管理措施

6.1.1 推行有害生物综合管理措施，鼓励使用天敌生物、生物农药，减少化学农药使用量。
6.1.2 推行农药减量增效使用技术、良好农业规范技术等，鼓励施药器械、施药技术的研发与应用，提高农药施用效率。
6.1.3 鼓励农业技术推广服务机构开展统防统治行动，鼓励专业人员指导农民科学用药。
6.1.4 加强农药使用区域的环境监测，及时掌握农药使用后的环境风险。
6.1.5 加强宣传教育和科普推广，提高公众对不合理使用农药所产生危害的认识。

6.2　防止农药废弃物污染环境的管理措施

6.2.1 按照法律、法规的有关规定，防止农药废弃物流失、渗漏、扬散或者其他方式污染环境。
6.2.2 农药废弃物不应擅自倾倒、堆放。对农药废弃物的容器和包装物以及收集、贮存、运输、处置危险废物的设施、场所，应设置危险废物识别标志，并按照《危险化学品安全管理条例》《废弃危险化学品污染环境防治办法》等相关规定进行处置。

6.2.3 不应将农药废弃包装物作为他用；完好无损的包装物可由销售部门或生产厂家统一回收。

6.2.4 不应在易对人、畜、作物和其他植物，以及食品和水源造成危害的地方处置农药废弃物。

6.2.5 因发生事故或者其他突发性事件，造成非使用现场农药溢漏时，应立即采取措施消除或减轻对环境的危害影响。

附录 2 《农药管理条例》(2017)

第一章 总 则

第一条 为了加强农药管理，保证农药质量，保障农产品质量安全和人畜安全，保护农业、林业生产和生态环境，制定本条例。

第二条 本条例所称农药，是指用于预防、控制危害农业、林业的病、虫、草、鼠和其他有害生物以及有目的地调节植物、昆虫生长的化学合成或者来源于生物、其他天然物质的一种物质或者几种物质的混合物及其制剂。

前款规定的农药包括用于不同目的、场所的下列各类：

(1) 预防、控制危害农业、林业的病、虫（包括昆虫、蜱、螨）、草、鼠、软体动物和其他有害生物；

(2) 预防、控制仓储以及加工场所的病、虫、鼠和其他有害生物；

(3) 调节植物、昆虫生长；

(4) 农业、林业产品防腐或者保鲜；

(5) 预防、控制蚊、蝇、蜚蠊、鼠和其他有害生物；

(6) 预防、控制危害河流堤坝、铁路、码头、机场、建筑物和其他场所的有害生物。

第三条 国务院农业主管部门负责全国的农药监督管理工作。

县级以上地方人民政府农业主管部门负责本行政区域的农药监督管理工作。

县级以上人民政府其他有关部门在各自职责范围内负责有关的农药监督管理工作。

第四条 县级以上地方人民政府应当加强对农药监督管理工作的组织领导，将农药监督管理经费列入本级政府预算，保障农药监督管理工作的开展。

第五条 农药生产企业、农药经营者应当对其生产、经营的农药的安全性、有效性负责，自觉接受政府监管和社会监督。

农药生产企业、农药经营者应当加强行业自律，规范生产、经营行为。

第六条 国家鼓励和支持研制、生产、使用安全、高效、经济的农药，推进农药专业化使用，促进农药产业升级。

对在农药研制、推广和监督管理等工作中做出突出贡献的单位和个人，按照国家有关规定予以表彰或者奖励。

第二章　农药登记

第七条　国家实行农药登记制度。农药生产企业、向中国出口农药的企业应当依照本条例的规定申请农药登记，新农药研制者可以依照本条例的规定申请农药登记。

国务院农业主管部门所属的负责农药检定工作的机构负责农药登记具体工作。省、自治区、直辖市人民政府农业主管部门所属的负责农药检定工作的机构协助做好本行政区域的农药登记具体工作。

第八条　国务院农业主管部门组织成立农药登记评审委员会，负责农药登记评审。

农药登记评审委员会由下列人员组成：

（1）国务院农业、林业、卫生、环境保护、粮食、工业行业管理、安全生产监督管理等有关部门和供销合作总社等单位推荐的农药产品化学、药效、毒理、残留、环境、质量标准和检测等方面的专家；

（2）国家食品安全风险评估专家委员会的有关专家；

（3）国务院农业、林业、卫生、环境保护、粮食、工业行业管理、安全生产监督管理等有关部门和供销合作总社等单位的代表。

农药登记评审规则由国务院农业主管部门制定。

第九条　申请农药登记的，应当进行登记试验。

农药的登记试验应当报所在地省、自治区、直辖市人民政府农业主管部门备案。

新农药的登记试验应当向国务院农业主管部门提出申请。国务院农业主管部门应当自受理申请之日起40个工作日内对试验的安全风险及其防范措施进行审查，符合条件的，准予登记试验；不符合条件的，书面通知申请人并说明理由。

第十条　登记试验应当由国务院农业主管部门认定的登记试验单位按照国务院农业主管部门的规定进行。

与已取得中国农药登记的农药组成成分、使用范围和使用方法相同的农药，免予残留、环境试验，但已取得中国农药登记的农药依照本条例第十五条的规定在登记资料保护期内的，应当经农药登记证持有人授权同意。

登记试验单位应当对登记试验报告的真实性负责。

第十一条　登记试验结束后，申请人应当向所在地省、自治区、直辖市人民政府农业主管部门提出农药登记申请，并提交登记试验报告、标签样张和农药产品质量标准及其检验方法等申请资料；申请新农药登记的，还应当提供农药标准品。省、自治区、直辖市人民政府农业主管部门应当自受理申请之日起20个工作日内提出初审意见，并报送国务院农业主管部门。

向中国出口农药的企业申请农药登记的，应当持本条第一款规定的资料、农药标准品以及在有关国家（地区）登记、使用的证明材料，向国务院农业主管部门提出申请。

第十二条 国务院农业主管部门受理申请或者收到省、自治区、直辖市人民政府农业主管部门报送的申请资料后，应当组织审查和登记评审，并自收到评审意见之日起20个工作日内作出审批决定，符合条件的，核发农药登记证；不符合条件的，书面通知申请人并说明理由。

第十三条 农药登记证应当载明农药名称、剂型、有效成分及其含量、毒性、使用范围、使用方法和剂量、登记证持有人、登记证号以及有效期等事项。

农药登记证有效期为5年。有效期届满，需要继续生产农药或者向中国出口农药的，农药登记证持有人应当在有效期届满90日前向国务院农业主管部门申请延续。

农药登记证载明事项发生变化的，农药登记证持有人应当按照国务院农业主管部门的规定申请变更农药登记证。

国务院农业主管部门应当及时公告农药登记证核发、延续、变更情况以及有关的农药产品质量标准号、残留限量规定、检验方法、经核准的标签等信息。

第十四条 新农药研制者可以转让其已取得登记的新农药的登记资料；农药生产企业可以向具有相应生产能力的农药生产企业转让其已取得登记的农药的登记资料。

第十五条 国家对取得首次登记的、含有新化合物的农药的申请人提交的其自己所取得且未披露的试验数据和其他数据实施保护。

自登记之日起6年内，对其他申请人未经已取得登记的申请人同意，使用前款规定的数据申请农药登记的，登记机关不予登记；但是，其他申请人提交其自己所取得的数据的除外。

除下列情况外，登记机关不得披露本条第一款规定的数据：

（1）公共利益需要；

（2）已采取措施确保该类信息不会被不正当地进行商业使用。

第三章 农药生产

第十六条 农药生产应当符合国家产业政策。国家鼓励和支持农药生产企业采用先进技术和先进管理规范，提高农药的安全性、有效性。

第十七条 国家实行农药生产许可制度。农药生产企业应当具备下列条件，并按照国务院农业主管部门的规定向省、自治区、直辖市人民政府农业主管部门申请农药生产许可证：

（1）有与所申请生产农药相适应的技术人员；

（2）有与所申请生产农药相适应的厂房、设施；

（3）有对所申请生产农药进行质量管理和质量检验的人员、仪器和设备；

（4）有保证所申请生产农药质量的规章制度。

省、自治区、直辖市人民政府农业主管部门应当自受理申请之日起 20 个工作日内作出审批决定，必要时应当进行实地核查。符合条件的，核发农药生产许可证；不符合条件的，书面通知申请人并说明理由。

安全生产、环境保护等法律、行政法规对企业生产条件有其他规定的，农药生产企业还应当遵守其规定。

第十八条 农药生产许可证应当载明农药生产企业名称、住所、法定代表人（负责人）、生产范围、生产地址以及有效期等事项。

农药生产许可证有效期为 5 年。有效期届满，需要继续生产农药的，农药生产企业应当在有效期届满 90 日前向省、自治区、直辖市人民政府农业主管部门申请延续。

农药生产许可证载明事项发生变化的，农药生产企业应当按照国务院农业主管部门的规定申请变更农药生产许可证。

第十九条 委托加工、分装农药的，委托人应当取得相应的农药登记证，受托人应当取得农药生产许可证。

委托人应当对委托加工、分装的农药质量负责。

第二十条 农药生产企业采购原材料，应当查验产品质量检验合格证和有关许可证明文件，不得采购、使用未依法附具产品质量检验合格证、未依法取得有关许可证明文件的原材料。

农药生产企业应当建立原材料进货记录制度，如实记录原材料的名称、有关许可证明文件编号、规格、数量、供货人名称及其联系方式、进货日期等内容。原材料进货记录应当保存 2 年以上。

第二十一条 农药生产企业应当严格按照产品质量标准进行生产，确保农药产品与登记农药一致。农药出厂销售，应当经质量检验合格并附具产品质量检验合格证。

农药生产企业应当建立农药出厂销售记录制度，如实记录农药的名称、规格、数量、生产日期和批号、产品质量检验信息、购货人名称及其联系方式、销售日期等内容。农药出厂销售记录应当保存 2 年以上。

第二十二条 农药包装应当符合国家有关规定，并印制或者贴有标签。国家鼓励农药生产企业使用可回收的农药包装材料。

农药标签应当按照国务院农业主管部门的规定，以中文标注农药的名称、剂型、有效成分及其含量、毒性及其标识、使用范围、使用方法和剂量、使用技术要求和注意事项、生产日期、可追溯电子信息码等内容。

剧毒、高毒农药以及使用技术要求严格的其他农药等限制使用农药的标签还应当标注“限制使用”字样，并注明使用的特别限制和特殊要求。用于食用农产品的农药的标签还应当标注安全间隔期。

第二十三条　农药生产企业不得擅自改变经核准的农药的标签内容，不得在农药的标签中标注虚假、误导使用者的内容。

农药包装过小，标签不能标注全部内容的，应当同时附具说明书，说明书的内容应当与经核准的标签内容一致。

第四章　农药经营

第二十四条　国家实行农药经营许可制度，但经营卫生用农药的除外。农药经营者应当具备下列条件，并按照国务院农业主管部门的规定向县级以上地方人民政府农业主管部门申请农药经营许可证：

（1）有具备农药和病虫害防治专业知识，熟悉农药管理规定，能够指导安全合理使用农药的经营人员；

（2）有与其他商品以及饮用水水源、生活区域等有效隔离的营业场所和仓储场所，并配备与所申请经营农药相适应的防护设施；

（3）有与所申请经营农药相适应的质量管理、台账记录、安全防护、应急处置、仓储管理等制度。

经营限制使用农药的，还应当配备相应的用药指导和病虫害防治专业技术人员，并按照所在地省、自治区、直辖市人民政府农业主管部门的规定实行定点经营。

县级以上地方人民政府农业主管部门应当自受理申请之日起 20 个工作日内做出审批决定。符合条件的，核发农药经营许可证；不符合条件的，书面通知申请人并说明理由。

第二十五条　农药经营许可证应当载明农药经营者名称、住所、负责人、经营范围以及有效期等事项。

农药经营许可证有效期为 5 年。有效期届满，需要继续经营农药的，农药经营者应当在有效期届满 90 日前向发证机关申请延续。

农药经营许可证载明事项发生变化的，农药经营者应当按照国务院农业主管部门的规定申请变更农药经营许可证。

取得农药经营许可证的农药经营者设立分支机构的，应当依法申请变更农药经营许可证，并向分支机构所在地县级以上地方人民政府农业主管部门备案，其分支机构免予办理农药经营许可证。农药经营者应当对其分支机构的经营活动负责。

第二十六条 农药经营者采购农药应当查验产品包装、标签、产品质量检验合格证以及有关许可证明文件，不得向未取得农药生产许可证的农药生产企业或者未取得农药经营许可证的其他农药经营者采购农药。

农药经营者应当建立采购台账，如实记录农药的名称、有关许可证明文件编号、规格、数量、生产企业和供货人名称及其联系方式、进货日期等内容。采购台账应当保存 2 年以上。

第二十七条 农药经营者应当建立销售台账，如实记录销售农药的名称、规格、数量、生产企业、购买人、销售日期等内容。销售台账应当保存 2 年以上。

农药经营者应当向购买人询问病虫害发生情况并科学推荐农药，必要时应当实地查看病虫害发生情况，并正确说明农药的使用范围、使用方法和剂量、使用技术要求和注意事项，不得误导购买人。

经营卫生用农药的，不适用本条第一款、第二款的规定。

第二十八条 农药经营者不得加工、分装农药，不得在农药中添加任何物质，不得采购、销售包装和标签不符合规定，未附具产品质量检验合格证，未取得有关许可证明文件的农药。

经营卫生用农药的，应当将卫生用农药与其他商品分柜销售；经营其他农药的，不得在农药经营场所内经营食品、食用农产品、饲料等。

第二十九条 境外企业不得直接在中国销售农药。境外企业在中国销售农药的，应当依法在中国设立销售机构或者委托符合条件的中国代理机构销售。

向中国出口的农药应当附具中文标签、说明书，符合产品质量标准，并经出入境检验检疫部门依法检验合格。禁止进口未取得农药登记证的农药。

办理农药进出口海关申报手续，应当按照海关总署的规定出示相关证明文件。

第五章 农药使用

第三十条 县级以上人民政府农业主管部门应当加强农药使用指导、服务工作，建立健全农药安全、合理使用制度，并按照预防为主、综合防治的要求，组织推广农药科学使用技术，规范农药使用行为。林业、粮食、卫生等部门应当加强对林业、储粮、卫生用农药安全、合理使用的技术指导，环境保护主管部门应当加强对农药使用过程中环境保护和污染防治的技术指导。

第三十一条 县级人民政府农业主管部门应当组织植物保护、农业技术推广等机构向农药使用者提供免费技术培训，提高农药安全、合理使用水平。

国家鼓励农业科研单位、有关学校、农民专业合作社、供销合作社、农业社会化服务组织和专业人员为农药使用者提供技术服务。

第三十二条　国家通过推广生物防治、物理防治、先进施药器械等措施，逐步减少农药使用量。

县级人民政府应当制定并组织实施本行政区域的农药减量计划；对实施农药减量计划、自愿减少农药使用量的农药使用者，给予鼓励和扶持。

县级人民政府农业主管部门应当鼓励和扶持设立专业化病虫害防治服务组织，并对专业化病虫害防治和限制使用农药的配药、用药进行指导、规范和管理，提高病虫害防治水平。

县级人民政府农业主管部门应当指导农药使用者有计划地轮换使用农药，减缓危害农业、林业的病、虫、草、鼠和其他有害生物的抗药性。

乡、镇人民政府应当协助开展农药使用指导、服务工作。

第三十三条　农药使用者应当遵守国家有关农药安全、合理使用制度，妥善保管农药，并在配药、用药过程中采取必要的防护措施，避免发生农药使用事故。

限制使用农药的经营者应当为农药使用者提供用药指导，并逐步提供统一用药服务。

第三十四条　农药使用者应当严格按照农药的标签标注的使用范围、使用方法和剂量、使用技术要求和注意事项使用农药，不得扩大使用范围、加大用药剂量或者改变使用方法。

农药使用者不得使用禁用的农药。

标签标注安全间隔期的农药，在农产品收获前应当按照安全间隔期的要求停止使用。

剧毒、高毒农药不得用于防治卫生害虫，不得用于蔬菜、瓜果、茶叶、菌类、中草药材的生产，不得用于水生植物的病虫害防治。

第三十五条　农药使用者应当保护环境，保护有益生物和珍稀物种，不得在饮用水水源保护区、河道内丢弃农药、农药包装物或者清洗施药器械。

严禁在饮用水水源保护区内使用农药，严禁使用农药毒鱼、虾、鸟、兽等。

第三十六条　农产品生产企业、食品和食用农产品仓储企业、专业化病虫害防治服务组织和从事农产品生产的农民专业合作社等应当建立农药使用记录，如实记录使用农药的时间、地点、对象以及农药名称、用量、生产企业等。农药使用记录应当保存 2 年以上。

国家鼓励其他农药使用者建立农药使用记录。

第三十七条　国家鼓励农药使用者妥善收集农药包装物等废弃物；农药生产

企业、农药经营者应当回收农药废弃物，防止农药污染环境和农药中毒事故的发生。具体办法由国务院环境保护主管部门会同国务院农业主管部门、国务院财政部门等部门制定。

第三十八条 发生农药使用事故，农药使用者、农药生产企业、农药经营者和其他有关人员应当及时报告当地农业主管部门。

接到报告的农业主管部门应当立即采取措施，防止事故扩大，同时通知有关部门采取相应措施。造成农药中毒事故的，由农业主管部门和公安机关依照职责权限组织调查处理，卫生主管部门应当按照国家有关规定立即对受到伤害的人员组织医疗救治；造成环境污染事故的，由环境保护等有关部门依法组织调查处理；造成储粮药剂使用事故和农作物药害事故的，分别由粮食、农业等部门组织技术鉴定和调查处理。

第三十九条 因防治突发重大病虫害等紧急需要，国务院农业主管部门可以决定临时生产、使用规定数量的未取得登记或者禁用、限制使用的农药，必要时应当会同国务院对外贸易主管部门决定临时限制出口或者临时进口规定数量、品种的农药。

前款规定的农药，应当在使用地县级人民政府农业主管部门的监督和指导下使用。

第六章 监督管理

第四十条 县级以上人民政府农业主管部门应当定期调查统计农药生产、销售、使用情况，并及时通报本级人民政府有关部门。

县级以上地方人民政府农业主管部门应当建立农药生产、经营诚信档案并予以公布；发现违法生产、经营农药的行为涉嫌犯罪的，应当依法移送公安机关查处。

第四十一条 县级以上人民政府农业主管部门履行农药监督管理职责，可以依法采取下列措施：

（1）进入农药生产、经营、使用场所实施现场检查；

（2）对生产、经营、使用的农药实施抽查检测；

（3）向有关人员调查了解有关情况；

（4）查阅、复制合同、票据、账簿以及其他有关资料；

（5）查封、扣押违法生产、经营、使用的农药，以及用于违法生产、经营、使用农药的工具、设备、原材料等；

（6）查封违法生产、经营、使用农药的场所。

第四十二条　国家建立农药召回制度。农药生产企业发现其生产的农药对农业、林业、人畜安全、农产品质量安全、生态环境等有严重危害或者较大风险的，应当立即停止生产，通知有关经营者和使用者，向所在地农业主管部门报告，主动召回产品，并记录通知和召回情况。

农药经营者发现其经营的农药有前款规定的情形的，应当立即停止销售，通知有关生产企业、供货人和购买人，向所在地农业主管部门报告，并记录停止销售和通知情况。

农药使用者发现其使用的农药有本条第一款规定的情形的，应当立即停止使用，通知经营者，并向所在地农业主管部门报告。

第四十三条　国务院农业主管部门和省、自治区、直辖市人民政府农业主管部门应当组织负责农药检定工作的机构、植物保护机构对已登记农药的安全性和有效性进行监测。

发现已登记农药对农业、林业、人畜安全、农产品质量安全、生态环境等有严重危害或者较大风险的，国务院农业主管部门应当组织农药登记评审委员会进行评审，根据评审结果撤销、变更相应的农药登记证，必要时应当决定禁用或者限制使用并予以公告。

第四十四条　有下列情形之一的，认定为假农药：

（1）以非农药冒充农药；

（2）以此种农药冒充他种农药；

（3）农药所含有效成分种类与农药的标签、说明书标注的有效成分不符。

禁用的农药，未依法取得农药登记证而生产、进口的农药，以及未附具标签的农药，按照假农药处理。

第四十五条　有下列情形之一的，认定为劣质农药：

（1）不符合农药产品质量标准；

（2）混有导致药害等有害成分。

超过农药质量保证期的农药，按照劣质农药处理。

第四十六条　假农药、劣质农药和回收的农药废弃物等应当交由具有危险废物经营资质的单位集中处置，处置费用由相应的农药生产企业、农药经营者承担；农药生产企业、农药经营者不明确的，处置费用由所在地县级人民政府财政列支。

第四十七条　禁止伪造、变造、转让、出租、出借农药登记证、农药生产许可证、农药经营许可证等许可证明文件。

第四十八条　县级以上人民政府农业主管部门及其工作人员和负责农药检定工作的机构及其工作人员，不得参与农药生产、经营活动。

第七章　法律责任

第四十九条　县级以上人民政府农业主管部门及其工作人员有下列行为之一的，由本级人民政府责令改正；对负有责任的领导人员和直接责任人员，依法给予处分；负有责任的领导人员和直接责任人员构成犯罪的，依法追究刑事责任：

（1）不履行监督管理职责，所辖行政区域的违法农药生产、经营活动造成重大损失或者恶劣社会影响；

（2）对不符合条件的申请人准予许可或者对符合条件的申请人拒不准予许可；

（3）参与农药生产、经营活动；

（4）有其他徇私舞弊、滥用职权、玩忽职守行为。

第五十条　农药登记评审委员会组成人员在农药登记评审中谋取不正当利益的，由国务院农业主管部门从农药登记评审委员会除名；属于国家工作人员的，依法给予处分；构成犯罪的，依法追究刑事责任。

第五十一条　登记试验单位出具虚假登记试验报告的，由省、自治区、直辖市人民政府农业主管部门没收违法所得，并处 5 万元以上 10 万元以下罚款；由国务院农业主管部门从登记试验单位中除名，5 年内不再受理其登记试验单位认定申请；构成犯罪的，依法追究刑事责任。

第五十二条　未取得农药生产许可证生产农药或者生产假农药的，由县级以上地方人民政府农业主管部门责令停止生产，没收违法所得、违法生产的产品和用于违法生产的工具、设备、原材料等，违法生产的产品货值金额不足 1 万元的，并处 5 万元以上 10 万元以下罚款，货值金额 1 万元以上的，并处货值金额 10 倍以上 20 倍以下罚款，由发证机关吊销农药生产许可证和相应的农药登记证；构成犯罪的，依法追究刑事责任。

取得农药生产许可证的农药生产企业不再符合规定条件继续生产农药的，由县级以上地方人民政府农业主管部门责令限期整改；逾期拒不整改或者整改后仍不符合规定条件的，由发证机关吊销农药生产许可证。

农药生产企业生产劣质农药的，由县级以上地方人民政府农业主管部门责令停止生产，没收违法所得、违法生产的产品和用于违法生产的工具、设备、原材料等，违法生产的产品货值金额不足 1 万元的，并处 1 万元以上 5 万元以下罚款，货值金额 1 万元以上的，并处货值金额 5 倍以上 10 倍以下罚款；情节严重的，由发证机关吊销农药生产许可证和相应的农药登记证；构成犯罪的，依法追究刑事责任。

委托未取得农药生产许可证的受托人加工、分装农药，或者委托加工、分装假农药、劣质农药的，对委托人和受托人均依照本条第一款、第三款的规定处罚。

第五十三条 农药生产企业有下列行为之一的，由县级以上地方人民政府农业主管部门责令改正，没收违法所得、违法生产的产品和用于违法生产的原材料等，违法生产的产品货值金额不足1万元的，并处1万元以上2万元以下罚款，货值金额1万元以上的，并处货值金额2倍以上5倍以下罚款；拒不改正或者情节严重的，由发证机关吊销农药生产许可证和相应的农药登记证：

（1）采购、使用未依法附具产品质量检验合格证、未依法取得有关许可证明文件的原材料；

（2）出厂销售未经质量检验合格并附具产品质量检验合格证的农药；

（3）生产的农药包装、标签、说明书不符合规定；

（4）不召回依法应当召回的农药。

第五十四条 农药生产企业不执行原材料进货、农药出厂销售记录制度，或者不履行农药废弃物回收义务的，由县级以上地方人民政府农业主管部门责令改正，处1万元以上5万元以下罚款；拒不改正或者情节严重的，由发证机关吊销农药生产许可证和相应的农药登记证。

第五十五条 农药经营者有下列行为之一的，由县级以上地方人民政府农业主管部门责令停止经营，没收违法所得、违法经营的农药和用于违法经营的工具、设备等，违法经营的农药货值金额不足1万元的，并处5000元以上5万元以下罚款，货值金额1万元以上的，并处货值金额5倍以上10倍以下罚款；构成犯罪的，依法追究刑事责任：

（1）违反本条例规定，未取得农药经营许可证经营农药；

（2）经营假农药；

（3）在农药中添加物质。

有前款第二项、第三项规定的行为，情节严重的，还应当由发证机关吊销农药经营许可证。

取得农药经营许可证的农药经营者不再符合规定条件继续经营农药的，由县级以上地方人民政府农业主管部门责令限期整改；逾期拒不整改或者整改后仍不符合规定条件的，由发证机关吊销农药经营许可证。

第五十六条 农药经营者经营劣质农药的，由县级以上地方人民政府农业主管部门责令停止经营，没收违法所得、违法经营的农药和用于违法经营的工具、设备等，违法经营的农药货值金额不足1万元的，并处2000元以上2万元以下罚款，货值金额1万元以上的，并处货值金额2倍以上5倍以下罚款；情节严重的，由发证机关吊销农药经营许可证；构成犯罪的，依法追究刑事责任。

第五十七条 农药经营者有下列行为之一的，由县级以上地方人民政府农业主管部门责令改正，没收违法所得和违法经营的农药，并处5000元以上5万元以下罚款；拒不改正或者情节严重的，由发证机关吊销农药经营许可证：

（1）设立分支机构未依法变更农药经营许可证，或者未向分支机构所在地县级以上地方人民政府农业主管部门备案；

（2）向未取得农药生产许可证的农药生产企业或者未取得农药经营许可证的其他农药经营者采购农药；

（3）采购、销售未附具产品质量检验合格证或者包装、标签不符合规定的农药；

（4）不停止销售依法应当召回的农药。

第五十八条 农药经营者有下列行为之一的，由县级以上地方人民政府农业主管部门责令改正；拒不改正或者情节严重的，处2000元以上2万元以下罚款，并由发证机关吊销农药经营许可证：

（1）不执行农药采购台账、销售台账制度；

（2）在卫生用农药以外的农药经营场所内经营食品、食用农产品、饲料等；

（3）未将卫生用农药与其他商品分柜销售；

（4）不履行农药废弃物回收义务。

第五十九条 境外企业直接在中国销售农药的，由县级以上地方人民政府农业主管部门责令停止销售，没收违法所得、违法经营的农药和用于违法经营的工具、设备等，违法经营的农药货值金额不足5万元的，并处5万元以上50万元以下罚款，货值金额5万元以上的，并处货值金额10倍以上20倍以下罚款，由发证机关吊销农药登记证。

取得农药登记证的境外企业向中国出口劣质农药情节严重或者出口假农药的，由国务院农业主管部门吊销相应的农药登记证。

第六十条 农药使用者有下列行为之一的，由县级人民政府农业主管部门责令改正，农药使用者为农产品生产企业、食品和食用农产品仓储企业、专业化病虫害防治服务组织和从事农产品生产的农民专业合作社等单位的，处5万元以上10万元以下罚款，农药使用者为个人的，处1万元以下罚款；构成犯罪的，依法追究刑事责任：

（1）不按照农药的标签标注的使用范围、使用方法和剂量、使用技术要求和注意事项、安全间隔期使用农药；

（2）使用禁用的农药；

（3）将剧毒、高毒农药用于防治卫生害虫，用于蔬菜、瓜果、茶叶、菌类、中草药材生产或者用于水生植物的病虫害防治；

（4）在饮用水水源保护区内使用农药；

（5）使用农药毒鱼、虾、鸟、兽等；

（6）在饮用水水源保护区、河道内丢弃农药、农药包装物或者清洗施药器械。

有前款第二项规定的行为的，县级人民政府农业主管部门还应当没收禁用的农药。

第六十一条　农产品生产企业、食品和食用农产品仓储企业、专业化病虫害防治服务组织和从事农产品生产的农民专业合作社等不执行农药使用记录制度的，由县级人民政府农业主管部门责令改正；拒不改正或者情节严重的，处2000元以上2万元以下罚款。

第六十二条　伪造、变造、转让、出租、出借农药登记证、农药生产许可证、农药经营许可证等许可证明文件的，由发证机关收缴或者予以吊销，没收违法所得，并处1万元以上5万元以下罚款；构成犯罪的，依法追究刑事责任。

第六十三条　未取得农药生产许可证生产农药，未取得农药经营许可证经营农药，或者被吊销农药登记证、农药生产许可证、农药经营许可证的，其直接负责的主管人员10年内不得从事农药生产、经营活动。

农药生产企业、农药经营者招用前款规定的人员从事农药生产、经营活动的，由发证机关吊销农药生产许可证、农药经营许可证。

被吊销农药登记证的，国务院农业主管部门5年内不再受理其农药登记申请。

第六十四条　生产、经营的农药造成农药使用者人身、财产损害的，农药使用者可以向农药生产企业要求赔偿，也可以向农药经营者要求赔偿。属于农药生产企业责任的，农药经营者赔偿后有权向农药生产企业追偿；属于农药经营者责任的，农药生产企业赔偿后有权向农药经营者追偿。

第八章　附　　则

第六十五条　申请农药登记的，申请人应当按照自愿有偿的原则，与登记试验单位协商确定登记试验费用。

第六十六条　本条例自2017年6月1日起施行。

参考文献

[1] 中华人民共和国环境保护部．农田面源污染防治技术指南（征求意见稿）. 2014. 5.
[2] 周孝虎．回归大自然的生物防治［M］. 北京：中国环境科学出版社，2011. 7.
[3] 张大弟，张晓红．农药污染与防治［M］. 北京：化学工业出版社，2001. 5.
[4] 戴树桂．环境化学（第二版）[M]. 北京：高等教育出版社，2006. 10.
[5] 杨培岭，王勇，李云开，等．农业化控节水技术原理及应用［M］. 北京：科学出版社，2010. 6.
[6] 欧阳威，郝芳华，等．农药面源污染流失特征及生物炭控制优化［M］. 北京：科学出版社，2016. 6.
[7] 蒋挺大．木质素［M］. 北京：化学工业出版社，2010.
[8] 吴云锋．植物病虫害生物防治学（第二版）［M］. 北京：中国农业出版社，2016. 7.
[9] 李文奇，曾平，孙东亚．人工湿地处理污水技术［M］. 北京：中国水利水电出版社，2009.
[10] 陈永华，吴晓芙．人工湿地植物配置与管理［M］. 北京：中国林业出版社，2010.
[11] 陈沛君，王团团，杨扬．人工湿地去除非持久性农药研究进展［J］. 湿地科学，2014，12(6)：797~806.
[12] 崔中利，崔利霞，黄彦，等．农药污染微生物降解研究及应用进展［J］. 南京农业大学学报，2012，35(5)：93~102.
[13] 邓维琴，刘书亮，姚开．微生物降解 3-苯氧基苯甲酸的研究进展［J］. 微生物学报，2015，55(9)：1081~1088.
[14] 迭庆杞，聂志强，刘峰，等．海河上游地区土壤有机氯农药的分布特征研究［J］. 环境科学与技术，2015，38(2)：83~88.
[15] 高俊敏，马健，高旭，等．混凝-活性炭吸附工艺去除水中甲氰菊酯农药［J］. 重庆大学学报，2015，38(6)：52~57，158.
[16] 郭彦蓉，曾辉，刘阳生，等．生物质炭修复有机物污染土壤的研究进展［J］. 土壤，2015，47(1)：8~13.
[17] 何文杰，谭浩强，韩宏，等．粉末活性炭对水中农药的吸附性能研究［J］. 环境工程学报，2010，4(8)：1692~1696.
[18] 胡春华，陈禄禄，李艳红，等．环鄱阳湖区水稻——土壤有机氯农药污染及健康风险评价［J］. 环境化学，2016，35(2)：355~363.
[19] 黄梅，黄璜，甘德欣．晚稻免耕抛秧养鸭技术应用［J］. 湖南农业大学学报（自然科学版），2003，29(3)：207~210.
[20] 简国英．害虫抗药性及其克服办法［J］. 江西农业科技，1987(6)：27.
[21] 简冉．论新时期农村农药污染的控制方法［J］. 山东化工，2009，38(6)：45~47.
[22] 靳聪聪，杨扬，刘帅磊，等．农村废水农药污染的生态修复技术研究［J］. 生态环境学报，2017，26(1)：142~148.
[23] 雷仲仁，吴圣勇，王海鸿．我国蔬菜害虫生物防治研究进展［J］. 植物保护，2016，42(1)：1~6.

[24] 林壁润，伍尚忠．土传病害抑病土研究进展［J］．植物保护，1992，8(8)：137~139.

[25] 凌文翠，张涛，强志民，等．饮用水源中有机磷农药的应急预处理技术研究［J］．环境工程学报，2011，5(12)：2641~2646.

[26] 李亚平，胡艳芳，杨凡昌，等．拟除虫菊酯类农药光降解的研究进展［J］．土壤，2014，47(1)：14~19.

[27] 李姗姗，刘峻峰，冯玉杰．高级氧化法处理农药废水研究进展［J］．工业水处理，2015，35(8)：6~10.

[28] 李媛媛，陈桐，房俊卓，等．季铵盐阳离子表面活性剂改性活性炭对农药毒死蜱的吸附［J］．湖北农业科学，2014，53(17)：4040~4043.

[29] 李文明，秦兴民，李青阳，等．控制释放技术及其在农药中的应用［J］．农药，2014，53(6)：394~398，438.

[30] 李志涛，王夏晖，陆军，等．国内外对农药包装废弃物回收的主要做法与经验［J］．环境污染与防治，2015，37(2)：89~92，99.

[31] 李华斌，梁海兵，李健，等．农业面源污染全过程防治策略初探［J］．中国农村水利水电，2014(1)：81~85.

[32] 刘占山，黄安辉，胡建辉，等．中国稻田农药包装废弃物管理现状与对策建议［J］．世界农药，2009，31(3)：31~34.

[33] 刘昆，段晋明，刘玉灿，等．不同氧化方式对 4 种常见农药的降解效果［J］．环境工程学报，2017，11(1)：78~84.

[34] 李峰，张波，林小平，等．小流域前置库表层沉积物农药分布特征及影响因素［J］．环境工程，2017，35(7)：59~64.

[35] 李彬，吕锡武，宁平．前置库技术在面源污染控制中的研究进展［J］．水处理技术，2008，34(9)：1~6，10.

[36] 李佳乐，张彩香，王焰新，等．太原市小店污灌区地下水中多环芳烃与有机氯农药污染特征及分布规律［J］．环境科学，2015，36(1)：172~178.

[37] 刘彬，李爱民，张强，等．有机氯农药在湖北省菜地土壤中的污染研究［J］．中国环境监测，2016，32(3)：87~91.

[38] 马崇迪，刘茜，李越，等．疏水性腐殖酸酯醚的制备及其对草枯醚农药水污染的修复机制［J］．四川大学学报（自然科学版），2017，54(4)：822~828.

[39] 马洁，江国虹，郑文龙．2013 年天津市蔬菜、水果、袋泡茶中农药风险监测概况［J］．现代预防医学，2015(15)：2726~2729.

[40] 欧晓明．农药在环境中的水解机理及其影响因子研究进展［J］．生态环境，2006，15(6)：1352~1359.

[41] 暴志蕾，赵兴茹，耿梦娇，等．长三角地区饮用水源地沉积物中有机氯农药污染特征［J］．环境化学，2016，35(6)：1237~1245.

[42] 唐访良，张明，徐建芬，等．千岛湖库区及其主要入库河流水中有机氯农药残留污染特征及健康风险评价［J］．环境科学，2014，35(5)：1735~1741.

[43] 裴亮，张体彬，赵楠，等．有机磷农药降解方法及应用研究新进展［J］．环境工程，2011，29(增刊)：273~277，174.

[44] 邱伟芬，张昌娟，文良，等. 气相色谱-质谱联用结合 QuEChERS 法快速筛查大米中多种农药残留［J］. 食品科学，2015，36(12)：221~225.

[45] 荣霞，彭义，保雨，等. 重庆市部分地区肉兔肌肉组织中农药、兽药多残留检测分析［J］. 西南大学学报（自然科学版），2015，39(7)：7~12.

[46] 田春燕，徐军，董丰收，等. 微生物降解三唑类杀菌剂研究进展［J］. 农药学学报，2016，18(2)：141~150.

[47] 田永强，高丽红. 填闲作物阻控设施菜田土壤功能衰退研究进展［J］. 中国蔬菜，2012(18)：26~35.

[48] 王乙震，周绪申，林超，等. 南运河生态修复水体有机污染物的污染特征［J］. 环境化学，2016，35(2)：383~392.

[49] 王怀臣，冯雷雨，陈银广. 废物资源化制备生物质炭及其应用的研究进展［J］. 化工进展，2012，31(4)：907~914.

[50] 王廷廷，余向阳，沈燕，等. 生物质炭施用对土壤中氯虫苯甲酰胺吸附及消解行为的影响［J］. 环境科学，2012，33(4)：1339~1345.

[51] 王瑞. 新疆温宿县标准化稻田养殖技术［J］. 农业工程技术，2016(11)：64.

[52] 王生文. 设施瓜果类蔬菜嫁接换根技术应用与推广［J］. 蔬菜，2013(3)：52~54.

[53] 王艳莉，谢国祥，郭宝福，等. 2011~2015 年南京市售蔬菜中农药残留污染状况和膳食暴露分析［J］. 现代预防医学，2017，44(9)：1583~1587.

[54] 王培兰，苏国成，周常义. 微生物降解拟除虫菊酯类农药研究进展［J］. 广东农业科学，2011(9)：87~90.

[55] 魏珣，金书秦. 农药包装废弃物回收：上海经验和启示［J］. 世界经济参考，2014(59)：70~72.

[56] 文朝霞，席琛，毛肖娟. 高分子材料在农药缓释剂中的应用［J］. 材料导报 A，2014，28(10)：75~78，99.

[57] 徐雄，李春梅，孙静，等. 我国重点流域地表水中 29 种农药污染及其生态风险评价［J］. 生态毒理学报，2016，11(2)：347~354.

[58] 徐佳艳，彭自然，和庆，等. 长三角地区池塘养殖水产品体内农药类污染与食用风险评价［J］. 生态毒理学报，2017，12(3)：485~495.

[59] 谢运球，陈羽，唐秀观. 漓江流域果园表土有机氯、磷农药残留及其风险分析［J］. 中国岩溶，2015，34(4)：325~330.

[60] 杨明伟，叶非. 微生物降解农药的研究进展［J］. 环境工程，2010，36(3)：26~29.

[61] 杨小兵，陶然，等. 黑碳对土壤中农药呋喃丹吸附与解吸行为的影响［J］. 安全与环境学报，2015，15(5)：306~309.

[62] 俞海祥，伊学农，杨光炜，等. 臭氧超滤去除微污染水中农药残留物［J］. 水处理技术，2015，41(12)：110~113.

[63] 袁艳文，田宜水，赵立欣，等. 生物炭应用研究进展［J］. 可再生能源，2012，30(9)：11~16.

[64] 游春香. 农作物栽培病虫害生态调控分析［J］. 乡村科技，2017(23)：59~60.

[65] 张世鸿，张千策，韩豫萍. 有机磷农药在土壤中降解转化的研究进展［J］. 环境污染与

防治（网络版），2013(9)：1～8.
［66］张永利，李嘉诚，冯玉红，等．双十二烷基二甲基溴化铵改性蒙脱土及其对农药啶虫脒的吸附［J］．日用化学工业，2015，45(6)：323～327.
［67］张琼，周岩梅，孙素霞，等，农药西维因及敌草隆在草木灰上的吸附行为研究［J］．中国环境科学，2012，32(3)：529～534.
［68］赵静，金明姬，王颖．人工湿地在农药处理领域中的应用研究［J］．北方园艺，2016(14)：198～201.
［69］赵广琦，崔心红，张群．河岸带植被重建的生态修复技术及应用［J］．园林科技，2010，(2)：23～29，33.
［70］郑美娟，于晓菲，王健，等．湿地中农药的累积与净化［J］．湖北农业科学，2013，52(8)：1737～1742.
［71］竺利红．硫丹残留及其微生物降解研究进展［J］．中国农学通报，2011，27(18)：242～245.